KB074088

손에 잡히는
바이오 토크 1(큰글자책)

IT를 넘어 BT의 시대로

김은기 지음

디아스포라

〔큰글자책〕

손에 잡히는 바이오 토크

Bio Talk ①

IT를 넘어 BT의 시대로

김은기 지음

디아스포라

서문

IT 시대를 지나 BT 시대가 도래하다

옛 속담에 '말 타면 종 두고 싶다'는 말이 있다. 그만큼 인간의 욕망은 끝이 없다는 뜻이다. 오래 전 지구에 인간이 출현했다. 최초의 인류는 먹을 것을 찾으려고 이곳저곳을 돌아다니다가 드디어 정착하여 살게 되었다. 이렇게 수렵시대가 끝나고 농사를 지으면서 배고픔에 대한 갈증은 조금씩 해소되었다. 그러자 생활에 필요한 물건들이 눈에 들어오기 시작했다. 종이, 연필, 옷을 필요로 하는 수요가 증가하였다.

18세기에 이르러 증기기관이 발명되었다. 유럽을 중심으로 산업혁명이 일어나면서 이제 물건들을 대량으로 만들어내기 시작했다. 가내 수공업으로 만들어 신던 양말 대신 나일론 스타킹이 기계로 찍혀 나오기 시작했다. 사람들은 환호했다. 항상 사람들의 욕구를 충족시키지 못한 물건들이 주위에 넘쳐나기 시작했다.

물질적 소유의 욕망이 채워지자 사람들은 주위를 둘러보고 궁금해 하기 시작했다. 저 사람은 무슨 생각을 하고 있을까? 지구 저편의 사람들은 지금 크리스마스 이브에 무엇을 할까? 정보가 세상을 움직이는 IT 시대가 시작되었다. 덕분에 지구촌이 하나가 되었다. 이제 사람들의 관심은 무엇일까? 두말할 것도 없이 건강하고 오래 사는 것이었다. 그것도 가능하면 공기 좋은 곳에서 살고 싶다. 바이오테크놀러지BT : Biotechnology 시대가 도래한 것이다.

기술의 중요단계는 대중화다

IT기술에 대해서는 누구나 한마디씩 할 말이 있다. 스마트폰으로 대변 되는 IT기술은 이제 생활의 일부가 되었다. 맨 처음 휴대폰의 모습은 벽돌크기의 무전기였다. 이것이 세상에 등장했을 때 상품성이 있을까 하는 의구심이 많았지만 이제는 지구 인구의 반 이상이 스마트폰을 가지고 있다. 이제 IT기술은 완전히 우리 생활 속에 정착했다.

하나의 기술이 인간사회에 정착하려면 3단계를 거쳐야 한다. 즉, 연구 단계, 상용화 단계, 그리고 제일 중요한 '대중화' 단계가 있어야 한다. 일반 대중들이 그 기술에 친숙해지고 우호적이어야 한다. IT는 쉽게 대중화될 수 있었는데 우선 서로 소통하는 필요가 있었기 때문이다. 스마트폰 없는 세상을 생각하기는 쉽지 않다. 반면 BT는 어떨까?

유전자변형식물, 즉 GMOGenetically Modified Organism는 대중화에 실패한 대표적인 사례다. 전 세계가 두 손 들고 GMO에 반대했다. 아직도 찬반이 팽팽하다. 반대측에서 제기하는 건강에 대한 악영향과 환경 교란의 우려 때문에 찬성측의 주장, 즉 식량생산을 늘릴 수 있다는 중요한 장점이 과소평가되고 있다. 비단 GMO만이 아니다. 장기이식, 인공장기, 동물복제, 줄기세포가 사람들에게 윤리사회적인 문제를 던져주고 있다. 사람들은 자신이 모르는 정보를 더 멀리한다. 스마트폰처럼 본인들이 직접 만지고 쓸 수 있는 기계라면 친밀해진다. 반면 어려운 기술은 멀어진다. 멀어지면 오해한다. 그리고 반대한다. BT는 그래서 소통이 절실한 과학이다.

BT는 한국의 차세대 먹거리다

IT산업이 포화상태에 이르고 있다. 휴대폰은 끊임없이 진화한다고 하지만 조금씩 개량되는 수준에 이르렀다. 우리 경제를 지탱할 수 있는 다른 먹거리를 찾아야 한다. 정부는 그동안 꾸준히 BT에 투자해 왔다. 많은 연구비를 들여서 기업, 대학이 BT제품을 만들 환경을 만들었다. IT에 비해 BT는 성과를 얻기 위해서는 오랜 시간이 필요하다. 이제 조금씩 그 결실이 나오고 있다. 삼성그룹이 IT 이후의 먹거리로 BT를 지목한 이유가 여기에 있다. 기업을 움직이는 것은 결국 사람이다. 특히 BT의 경우 기술이 모든 것이고 우수한 두뇌가 필요하다. 우리나라 청소년들은 바이오테크놀러지 BT 정보에 관심을 가져야 한다. 한국과학창의재단의 조사는 과학자로서 자긍심을 가지게 한다. 조사 결과 국내 청소년들은 한국의 장래가 과학에 달려있다는 것을 잘 알고 있었다. 그리고 과학자들을 누구보다 존경한다. 하지만 과학자가 되겠다는 꿈을 쉽게 꾸지는 않는다. 왜냐하면 과학은 어렵다고 느끼기 때문이다. 사실 과학은 학교에서 배우는 다른 과목보다 어렵고 재미없다. 고려 말 이성계가 위화도에서 회군을 한 스토리는 재미있다. 하지만 원자는 전자와 중성자, 양자로 이루어졌다는 것은 별 재미가 없다. 그나마 다행인 점은 청소년들이 제일 관심 있는 과학이 뇌, 바이오라는 것이다. 원자는 손에 잡히지 않지만 뇌는 바로 내가 가지고 있는 것이기 때문이다. 따라서 청소년들의 과학적 호기심을 일으키는 첫 단추가 바이오가 되면 훨씬 쉽게 그들의 과학적 흥미를 만족시킬 수 있다. 이 책이 목표하는 바가 바로 그 점이다. 즉 쉽게 이해되는 바이오 테크놀러지가 목표인 것이다.

BT 5가지 분야의 지식을 이야기로 풀었다

사람들은 역분화 줄기세포는 잘 모르지만 도마뱀은 꼬리가 잘려도 다시 자란다는 사실은 잘 알고 있다.

이 책의 특징은 독자가 이해할 수 있도록 쉽게 설명하고 있다. 제일 쉽게 지식을 이해하는 방법은 스토리가 엮여있으면 된다. 그래서 역분화 줄기세포를 설명할 때는 도마뱀 꼬리와 함께 영화 '127시간' 이야기를 함께 했다. 또 인공신장 이야기를 할 때는 필자가 살던 아파트 위층 신혼부부 이야기를 했다. 그리고 다양한 사례를 들었다. 일반인들이 들어서 알 수 있었던 사건을 중심으로 그 안에 얽힌 과학을 이야기했다. 형무소에서 21년간 억울하게 옥살이한 흑인청년의 범행 증거가 잘못되었다는 이야기를 통해 DNA 검사의 정확성을 이야기했다. 또 성실했던 초등학교 행정실장이 어느 날 자신의 차에서 번개탄을 피워 놓고 자살한 이야기를 통해 도박이 두뇌에 미치는 영향을 이야기했다.

이 책은 크게 5가지 분야의 이야기를 다룬다. 1부는 자연과의 공존기술이다. 인간이 끊임없이 부딪히는 에볼라, 메르스, 구제역 바이러스, 말라리아 모기. 이들은 수억 년 동안 이 세상에 살고 있는 '생존의 고수'들이다. 이들과 전쟁을 할 것이냐 아니면 공존할 방법을 찾을 것인가? 2부는 불로장생의 기술이다. 진시황의 불로초가 인간의 꿈이다. 100세가 넘는 노인들에게 주었던 '장수 기념 선물'이 너무 늘어나는 통에 일본정부가 비싼 선물대신 다른 방법을 고민 중이라고 한다. 이제 70세는 청년인 시대가 됐다. 장수의 조건은 무엇인가? 조금씩 먹어야 오래 산다고 하는데 그 이유가 궁금하다. 3부는 몸과의 소통이다. 땀이 단순히 인체의 냉각수가 아니고 내 몸의 상태를 대변하는 신호물질이다. 또 너무 깨끗한 곳에서만 자란 아이는 오히려 아토피가 걸려서 온 몸의 가려움 때문에 괴로워한다. 오히려 땅바닥에서 뒹굴며 자란 아이가 면역이 활성화되어 있어서 건강하다. 시차로 괴로울 때나 잠 못 이루는 불면증에는 태양이 최고다. 태양빛이 뇌의 생체시계를 움직이기 때문이다. 4부는 지구 이야기다. 아무리 건강해도 우리는 지구를 벗어나서 살 수 없다. 내가 살고 있는 이 지구가 청정해야 한다. 바이오테크놀러지는 그 답을 준다. 더 이상 땅 속의 원유에 의존하지 않고 나무에서 플라스틱을 만들어낸다. 더 이상 식물에만 의존하지 않고 인공적으로 태양빛으로 광합성을 해서 식량을 만든다. 더 이상 휘발유로 차를 움직이지 않고 클로렐라의 바이오디젤로 버스를 움직인다. 마지막 5장은 미래의 기술이다. 인공장기, 인간복제, 인체동면 기술, 맞춤형 아기, 인간게놈 시대 모두 가까운 장래에 실현이 가능한 이야기들이다. 이런 기술들이 가져올 여파도 만만치 않다. 바이오테크놀러지는 양날의 검이다. 어떻게 쓸 것인가는 순전히 우리들의 선택에 달려있다.

마지막으로 이 책은 나의 노력보다는 주위 사람들의 따뜻한 격려로 만들어졌다. 중요한 지면을 3년 동안 제공해준 중앙일보(선데이) 신문, 작가란 어떤 사람인가를 몸소 보여준 황은오 작가, 끊임없이 격려해 준 학교의 동료 교수들, 그리고 늘 역동적인 한국생물공학회 회원들의 지지가 그저 고마울 뿐이다. 출판계의 힘든 여건에도 흔쾌히 출판을 맡아준 디아스포라 손동민 대표에게 감사를 표한다. 무엇보다 늘 힘이 되어준 가족들은 나의 가장 큰 버팀목이다.

추천사

김은기 교수는 일찍이 한국생물공학회 회장을 역임하였으며 현재 인하대학교 생물공학과 교수로 후학을 양성하고 있습니다. 그는 생물공학분야의 해박한 지식을 소유하고 있을뿐만 아니라 탤런트 기질을 많이 갖고 있습니다. 학술 행사는 기본적으로 재미가 없으며 지루할 수 있지만 그럼에도 불구하고 김은기 교수가 행사를 진행하면 특유의 재주로 청중들을 좌지우지 하면서 성공적으로 수행하는 모습을 보았습니다. 그의 별명이 무보수의 명사회자이기도 합니다. 그런 재질을 갖고 있는 김교수가 고등학생부터 기업 CEO까지 일독할 수 있는 “손에 잡히는 바이오 토크” 제목의 책을 출간하였습니다. 이 책은 “자연과의 공존기술”, “불로장생의 기술”, “몸과의 공감기술”, “지구 살리는 기술” 그리고 “미래 첨단기술”의 5장으로 구성되어 있습니다. 또한 각 소절마다 매우 흥미로운 주제들이 가득하여 독자가 새로운 영역을 경험하게 할 수 있을 것입니다. 매우 유익한 도서라 읽기를 추천합니다.

우리 모두가 이미 언론매체를 통하여 알고 있듯이 21세기는 정보기술시대를 넘어 생물공학기술시대라고 합니다. 다행히 우리나라는 정보기술의 필수품인 반도체산업을 세계적인 기업으로 육성하여 자랑스러운 대한민국의 위상을 키워왔습니다. 더불어 지난 광복 70년 간 혼신의 노력으로 세계 경제 10위권에 진입하였습니다. 그러나 선진국이 되면 우리 생활이 끝난 것이 아니고 이제 새롭게 시작해야 합니다. 그것은 정보기술사회 다음으로 전개되는 생물공학기술시대의 선두권 다툼에서 흥망성쇠가 좌우되기 때문입니다. 김은기 교수가 책속에서 다뤘듯이 구제역이 발생하면 나라 전체가 전쟁을 치루 듯이 위험을 경각하고, 그로 인한 경제적 손실도 엄청납니다. 금년 봄도 예외는 아니었습니다. 메르스 사태 때문에 온 나라가 긴장 속에 지냈으며 재산 손실 또한 천문학적이었다. 정부 추가 경정예산도 11조원 이상이었고 국가위상도 흔들흔들 하였습니다.

1928년 영국 알렉산더 플레밍 교수는 실험실에서 항생제인 페니실린을 발견하여, 그것을 인류에 유용한 약으로 발전하는 데 공헌을 하였습니다. 플레밍 교수가 없었다면 우리들은 병마와 어떻게 싸웠을까하는 끔찍한 의문이 듭니다. 우리와 지형적으로 가까운 일본은 20년 동안의 불황을 극복하고 새로운 도약의 동력을 만들었다고 합니다. 그 이유는 모든 분야의 기초가 튼튼하기 때문에 가능하였다고 대기업 임원이 귓뜸을 해주었습니다. 생물공학 기술분야도 마찬가지로 그들은 새로운 창조경제를 위하여 이 분야에 총력을 기울이고 있다고 한다. 우리도 반도체산업처럼 바이오산업에 '올인'을 해봅시다. 20년 후의 먹거리가 바로 여기에 있습니다.

끝으로 김은기 교수의 "손에 잡히는 바이오 토크" 책을 통하여 생물공학에 대한 폭넓은 이해로 새로운 생물산업이 발전하는 데 큰 기폭제가 되길 바랍니다.

2015년 8월 28일

전남대 생물공학과 박돈희 교수

서평

한국의 미래 먹거리인 바이오테크놀러지가 궁금하다. IT 시대의 뒤를 이어 한국을 받쳐줄 중요산업인 바이오산업은 아직 스마트폰처럼 손에 잡히지 않는다. 이 책은 어렵다고 생각되는 바이오테크놀러지 이야기를 손에 잡히게 해준다. 특히 진로를 고민하는 청소년에게 바이오산업이 구체적으로 어떤 분야이고 무슨 일을 하는지를 알게 해준다. 김은기 교수는 늘 이야기한다. 한국의 미래는 결국 그들의 손에 달려있다고, 이 책은 청소년과 일반인들이 아주 흥미롭게 읽을 수 있는 보기 드문 교양 입문서이다.

—전남대 박돈희 교수

오늘 우리 인류가 당면하고 있는 질병 없는 건강한 삶, 건강한 먹거리, 깨끗한 환경과 에너지 이슈의 해결에 바이오테크놀로지는 큰 기여를 할 것으로 기대되고 있다. 바이오테크놀로지는 바이오경제 시대를 열고, 그리고 바이오사회로 변화, 발전시킬 것이다. 김은기 교수는 이러한 바이오테크놀로지를 쉽고 재미있게 설명하고 있다. 바이오테크놀로지가 일반인들의 손에 쉽게 잡힐 것이다.

—서울대 유영제 교수

'생명공학기술'이란 일반인에게는 아주 어렵게만 들리는 단어다. 이 책은 어려운 생명공학기술을 알기 쉽고 재미있는 읽을거리로 만들어 줄 뿐만 아니라, 읽다 보면 21세기를 왜 생명공학시대라고 부르는지 알게 한다.

—한국생명공학연구원장 오태광

이 책은 생명공학에 관심을 가지고 있는 일반인뿐만 아니라 고등학생들에게도 아주 적절한 책이다. 우선 재미있다. 그리고 내용이 알차다. 깊은 지식을 쉽게 전해주는 것이 이 책의 매력이다. 흥미로운 이야기를 따라가다 보면 어느새 줄기세포, 인간복제, GMO, 인공장기 등이 금방 손에 잡힌다.

—한국 생물공학회장 홍억기 교수

목차

서문 4
추천사 12
서평 15

Chapter 1 자연과의 공존기술

01 고양이 원충은 뇌종양, 암, 정복 신기술 '블랙박스'
생존 고수 기생 병원체 ······ 26
02 '수퍼 확산자' 구제역이 에볼라보다 무서운 이유
동물계의 두창, 구제역 ······ 38
03 에볼라 확산은 밀림 파괴와 밀렵에 대한 '보복'
바이러스와의 전쟁 ······ 51
04 몽골군, 인류 첫 세균전
… 흑사병 시신 투척해 성 함락
빈자의 '핵무기' 세균 ······ 64

05 '내시 모기'가 모기 박멸 특효
… 생태계 망칠까 투입 멈칫
병 주고 약 주는 인류의 적 76
06 수퍼내성균 때려잡을 비책, 미역은 안다는데 …
병원균과의 전쟁 89
07 바이러스 잡는 건 바이러스 … '이이제이'가 살 길
바이러스와 전쟁 101

Chapter 2 불로장생의 기술

01 숙면은 불로초, 세상 모르고 자야 몸이 젊어진다
수면의 신비 ······ 114
02 보신과 망신 사이 음주 경계, WHO 기준은 '소주 반병'
알코올중독 회로 ······ 126
03 인디언 정복한 백인, 그 백인을 정복한 인디언 담배
두 얼굴의 담배 ······ 137
04 이상화 같은 허벅지 만들면 뚱뚱해도 장수 문제없다
장수의 지름길 ······ 149
05 인간 수명 170세, 포도 씨, 껍질 성분 속에 답이 있다
장수의 두 가지 열쇠 ······ 160

06 비만, 우울증까지 잡는, 참 기특한 배 속 유익균!
장내 미생물 ·· 172
07 '세포 엔진' 미토콘드리아 효율 높아져 씽씽~
소식하면 왜 오래 살까 ························· 183

Chapter 3 몸과의 교감기술

01 생활 속 장수 열쇠, 과학자들이 꼽은 건 '손주 돌보기'
노년의 엔돌핀 ···································· 196
02 정상 난자엔 '자폭'기능, 나이 들수록 정상 임신 곤란
가시밭길 고령출산 ······························ 207

(2권에서 계속)

Chapter 3 몸과의 교감기술

03 심리, 건강, 감정상태
… 당신의 땀 냄새가 당신을 말한다

04 사랑하는 배우자 사진 볼 때만 뇌에 '굿 뉴스' 신호

05 인체 면역세포에 '잽'을 날려라, 맷집 키우게

06 시차로 괴로울 땐 햇빛, 청색 LED가 특효약

07 백인이 흑색종 잘 걸리는 건 자외선에 약하기 때문

Chapter 4 지구 살리는 기술

01 가뭄에도 풍년 들게 할 유전자 지도와 유전자 가위

02 우주왕복선에 실린 밀알은 지구 밖 '생명유지 장치'

03 중국발 미세먼지와의 동거, 앞으로 10년은 불가피

04 인류 최초 플라스틱은 당구장 사람들 덕에 탄생

05 번데기의 추억 … 곤충은 90억 인류 구할 미래 식량

06 클로렐라 주~욱 건져 짜기만 하면 디젤이 줄줄?

Chapter 5 미래 첨단 기술

01 미래 항암제는 암세포 찾아내 조용히 자폭하게 유도
02 진찰은 기본, 감염 경로도 전화로 감시
'만사폰통'시대
03 DNA는 당신이 한 일 기억해 '꼬리표'로 남긴다
04 신장 뼈대에 줄기세포 발라 키우면, 새 신장 쑥쑥
05 불치병 환자에게 삶의 시간 더 줄 묘약 될까
06 맞춤형 아기, 질병 원천봉쇄 … DNA가 팔자 고친다
07 동물의 오묘한 동면기술, 인간도 활용 눈떠
08 환자 몸에 전자코 대니 양 냄새 … 정신분열증!
09 도마뱀 꼬리처럼 … 생체시계 되돌려 신체 재생

24

Biotechnology

Chapter 1
자연과의 공존기술

트로이로 들어가는 목마. 목마 속에 병사를 몰래 숨겨뒀다가 적이 긴장을 풀었을 때 행동에 들어갔듯이 기생 병원체도 트로이 목마와 비슷한 방식으로 인간의 뇌 속에 침투한다(도메니코 티에폴로 작, 1773년, 이탈리아)

01

●

고양이 원충은
뇌종양, 암, 정복 신기술 '블랙박스'

생존 고수 기생 병원체

1992년 4월 8일. 당시 테니스 세계랭킹 1위인 미국의 아서 애시가 USA 투데이 신문에 놀라운 고백을 했다. 본인이 에이즈AIDS 환자란 것이다. 그는 테니스계의 그랜드슬램인 4개 세계대회(영국 윔블던, 호주오픈, 프랑스오픈, 미국오픈) 우승을 달성한 최초의 흑인 선수였다. 그의 명성만큼 충격도 컸다. 수년 전 심장수술 당시 받은 수혈 때문에 감염됐다고 했다. 그의 사연은 당시 전 세계에 퍼지기 시작한 에이즈의 공포를 더했

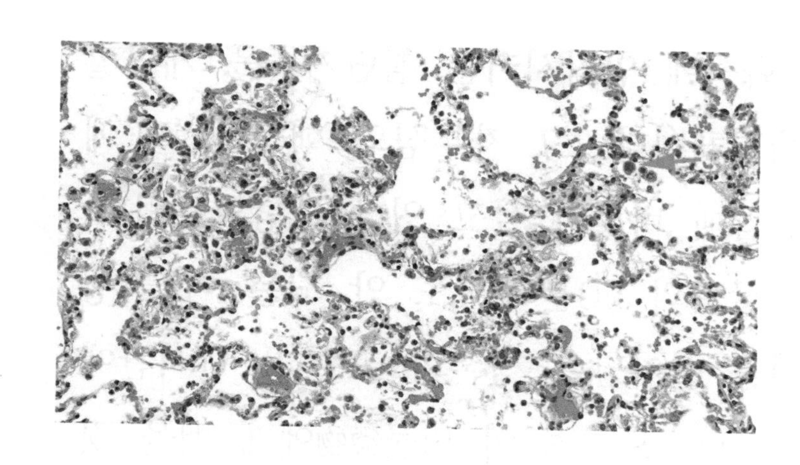

톡소플라스마

다. 이 사건보다 더 놀라운 일이 나중에 밝혀졌다. 그의 오른팔이 마비됐는데 그 원인이 충격적이었다. 조사 결과 뇌에서 '톡소플라스마toxoplasma'란 기생 병원체가 발견됐다. 인간의 뇌에도 기생 병원체가 침입해 병을 일으킬 수 있다는 사실에 세계는 경악했다. 과학계가 지구인의 감염 여부를 확인했더니 세 명 중 한 명이 이 병원체에 감염된 사실이 새롭게 드러났다. 다행히도 건강한 정상인은 큰 문제없이 지낼 수 있다는 과학자들의 잠정 결론에 한시름 놓았다. 하지만 지난해 12월 미국의 '뇌, 행동, 면역' 잡지에 발표된 연구 결과는 우려스럽다. 60세 이상 노인의 경우 이 병원체로 인해 '단기 기억능력'이 절반이나 줄게 된다는 사실이 밝혀졌다.

인간은 로봇을 화성에 안착시키는 첨단기술을 개발할 정도로 우수한 생명체이다. 그 자부심의 핵심인 '뇌'에 기생 생물체가 침입해 버젓이 살고 있다니 당황스럽다. 하지만 머리카락 굵기의 50분의 1도 안 되는 이 기생 병원체는 수억 년을 살아남은 생존의 고수다. 단시간에 박멸하기란 쉽지 않다. 오히려 이 미물微物에게 배울 것이 있다. 최근 이 기생 병원체의 인체 침투기술을 이용해 암세포 치료에 성공한 사례가 보고됐다. 숙주와 기생 병원체, 둘 사이의 오랜 싸움에서도 얻을 게 있다.

총알개미 조종하는 '좀비' 곰팡이

93년 중국 베이징 육상대회에서 이변이 일어났다. 3,000m를 포함한 세 종목에서 무명의 중국 선수들이 세계신기록으로 금메달을 땄다. 중국 코치가 밝힌 비결은 동충하초冬蟲夏草였다. 이 사건으로 세상에 널리 소개된 동충하초는 중국 서부의 티베트 고원 깊숙한 산중에서 자라는 버섯이다. 중국 고대 문헌에도 기록된 이 버섯은 산삼, 녹용과 함께 중국의 3대 보약으로 꼽

힌다. 92세에 죽은 중국 정치인 덩샤오핑도 즐겨 먹던 비방이다. 동충하초는 이름 그대로 겨울엔 곤충이고 여름엔 약초, 즉 버섯으로 변한다. 버섯의 '청초한' 이미지를 생각하던 사람이 이 녀석을 잘 들여다보면 기겁을 한다. 나방 애벌레의 사체에서 자라는 버섯이기 때문이다. 땅속에 살고 있는 나방 애벌레에 버섯 포자가 침입한다. 이후 서서히 애벌레를 죽이고 그 위로 버섯이 자란다. 이 정도의 잔인함은 야생野生이란 전쟁터에선 흔한 일이다. 이보다 더 무서운 존재는 다른 생물체의 뇌에 침입해 '좀비'로 만든 뒤 자기 부하처럼 부리는 녀석이 있다.

동충하초의 사촌쯤 되는 '코르디셉스' 곰팡이는 총알개미에게 '죽음의 좀비'다. 얼마 전 TV 프로 '정글의 법칙'에서 개그맨 김병만이 총알개미에게 물려 고생한 적이 있다. 한번 물리면 총알처럼 아프다는 의미로 총알개미다. 이 녀석은 유난히 방어력이 강해 유사한 개미 종류 중 생존에 성공한 유일한 종種이다. 그런데 '뛰는 놈 위에 나는 놈'이 있다. 총알개미만을 공격하는 코르디셉스 곰팡이다. 이 곰팡이는 지나가는 총알개미에게 달라붙은 뒤 개미 뇌에 들어가 ‘칵테일’을 내뿜는다. 이 ‘칵테일’은 개미를 ‘맛이 가게’ 만든다. 그래서 평소에 하지 않던 행동을 한다. 예컨대 일터로 나가는 길목의 나무에 올라가 나뭇가지를 ‘꽉’ 물고 죽어버린다. 죽은 총알개미의 몸에서 서서히 한 가닥 대롱이 나온다. 이윽고 대롱에서 곰팡이 포자가 터지면서 나무 아래로 떨어진다. 그곳은 개미들이 지나다니는 길목이다. 더 많은 개미가 이 좀비 곰팡이 포자에 감염된다. 그렇다고 이 좀비 곰팡이가 개미를 모두 멸종시키진 않는다. ‘기생처’인 개미가 늘 일정 숫자를 유지하도록 배려한다. 반대로 개미는 나름대로 대비책을 갖고 있다. 곰팡이에 감염된 ‘좀비 개미’가 생기면 ‘경비개미’들이 재빨리 이들을 물어 보금자리에서 멀리 내다버린다. 수억 년 동안 개미와 좀비 곰팡이는 이런 전쟁을 벌여 왔다. 싸우면서 배운다고 했듯이 이들은 서로 치고받으면서 상호 진화해 왔다. 이런 좀비 중에는 쥐도 ‘맛’이 가게 하는 무서운 녀석도 있다.

고양이 수염 당기는 원충 감염 쥐

'톰과 제리Tom and Jerry'는 앙숙 간인 고양이 톰과 쥐 제리가 나오는 미국 만화영화다. 47년 처음 제작된 후 아카데미상을 일곱 번이나 받았다. 톰을 골탕 먹이고 돌아다니는 제리. 만화 속에서 쥐는 고양이의 친한 친구처럼 겁이 없다. 하지만 야생에선 '천만의 말씀'이다. 고양이 오줌 냄새만 맡아도 쥐는 극도의 공포를 나타내면서 절절맨다. 이런 쥐가 고양이 원충(톡소플라스마)이란 일종의 좀비 기생충에 감염되면 '맛'이 간다. 그래서 고양이 앞에 용감히 나선다. 심지어 고양이 수염을 당기고 툭툭 건드린다. 이런 쥐는 고양이의 오줌 냄새를 맡는 뇌의 후각세포가 망가져 있다. 원인은 역시 쥐의 뇌에 침입한 고양이 원충이다. 덕분에 고양이는 '맛이 간 쥐'를 쉽게 잡아먹는다. '고양이 원충'은 다시 고양이 장腸 내로 들어와 수를 늘린다. 고양이의 배설물과 함께 밖으로 나온 고양이 원충은 쥐를 감염시키고 다시 쥐의 뇌 속으로 들어간다. 이런 사이클cycle은 계속 반복된다. 고양이와 좀비 고양이 원충은 이런 의미에서 '짝짜꿍'이 잘 맞는 커플이다. 이 커플

'톰과 제리' 만화영화에서 그려지는 것과는 달리 쥐는 고양이의 오줌 냄새만 맡아도 겁에 질려 절절맨다. 뇌 침투 기생 병원체는 겁 많은 쥐를 '맛'이 가게 해 용감한 쥐로 바꿔놓는다.

에 놀아나는 녀석이 불쌍한 쥐인 셈이다. 이런 '찰떡커플' 중에는 갈매기와 갈매기 원충도 있다. 이 커플의 희생양은 순진한 달팽이다.

프랑스 시인 자크 프레베르가 지은 '장례식에 가는 달팽이의 노래'란 시가 있다. 시인은 저녁 무렵 낙엽이 떨어진 숲을 기어가는 두 마리의 달팽이를 노래했다. 달팽이는 원래 축축한 숲 속의 낮은 곳을, 그것도 컴컴할 때 기어 다닌다. 천적인 새들을 피하기 위해서다.

이런 달팽이가 갈매기 원충에 감염되면 '좀비'가 돼 정신이 나가버린다. 그래서 평생 절대 안 하던 짓을 한다. 대낮에 바위를 기어오르는 것이다. '날 잡아잡수' 하고 갈매기들에게 광고를 하는 것과 다를 바 없는 행동이다. 달팽이가 잡아먹혀 갈매기의 창자로 되돌아온 갈매기 원충은 수를 늘린다. 이후 갈매기 배설물을 통해 숲에 떨어져 지나가던 달팽이를 감염시키고 다시 좀비 달팽이로 만든다. 이런 '좀비 스타일'의 기생생물은 쥐도 맛이 가게 했다. 포유동물인 쥐의 뇌에 침입할 정도라면 동물은, 아니 사람은 괜찮을까?

2012년 국내에서 애완용 고양이를 내다버리는 대소동이 벌어졌다. 고양이 기생 병원체인 톡소플라스마가 사람의 뇌에도 침입하며 임산부는 더욱 위험하다는 방송의 여파 때문이다. 다행히 정상 면역력을 가진 사람에게는 문제가 없다는 것이 알려져 고양이는 다시 집안에서 평화롭게 지낸다. 문제는 몸이 약해진 경우다. 에이즈나 장기이식 등으로 면역력이 약해지면 톡소플라스마가 잠복 상태에서 껍질을 깨고 나와 병을 일으킨다. 일반인들은 덜 익힌 고기와 덜 씻은 채소를 통해 고양이 원충 알이 몸에 들어오지 않도록 늘 조심해야 한다.

기원전 12세기에 벌어진 트로이 전쟁에서 그리스 원정군은 트로이 성城을 공격하던 도중 목마를 남겨두고 퇴각한다. 전리품으로 생각해 끌고 들어간 목마 속에는 그리스 병사들이 숨어 있었다. 밤이 이슥해져 경비가 허술해지자 목마 속 병사들이 슬금슬금 기어 나와 난공불락과 같던 트로이 성을 함락시킨다. 이렇게 몰래 상대방 속에 미리 병사를 심어놓고 때를 기다려 공격하는 방식을 '트로이 목마'라 부른다. 컴퓨터 바이러스에도 같은 이름Trojan Virus이 있다.

트로이 목마 방식으로 암 치료 성공

고양이 원충도 트로이 목마처럼 인간의 뇌 속에 침투하는 것일까? 뇌는 외부 생물이 절대 들어갈 수 없는 성역聖域이다. 뇌혈관은 일반 혈관과는 달리 촘촘한 구조로 되어 있다. 또 물, 영양분, 일부 물질만이 통과할 수 있는 소위 '뇌-혈관 장벽'에 가로막혀 있다. 최근

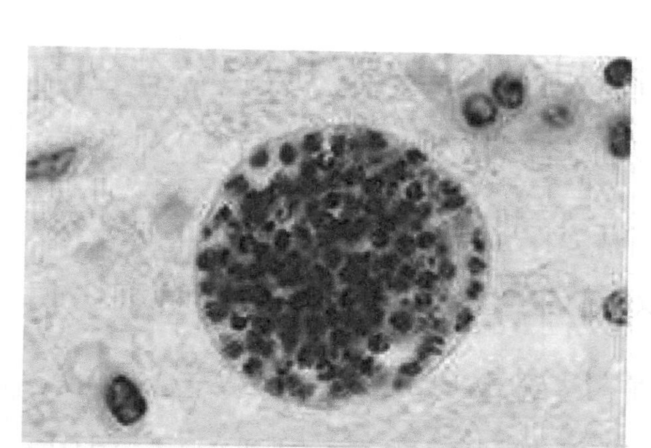

성역聖域인 뇌에 침투해 잠복 중인 톡소플라스마(고양이 원충, 적색). 에이즈, 장기이식 등으로 면역력이 약해지면 병을 일으킨다.

연구 결과 고양이 원충들은 뇌혈관 장벽을 뛰어넘기 위해 인간의 백혈구를 이용하는 것으로 확인됐다. 백혈구는 우리 몸의 파수꾼이다. 몸에 상처가 나면 혈관벽이 느슨해지면서 백혈구가 혈관 밖으로 빠져나가 각종 병원체와 '전투'를 벌인다. 바로 이 백혈구에 고양이 원충들이 트로이 목마처럼 들어가 있다가 뇌혈관으로 침투한다는 사실이 동물(쥐) 실험을 통해 확인됐다. 과학자들은 무릎을 쳤다. 이 방법을 잘 이용한다면 뇌혈관 장벽 때문에 뇌에 집어넣기 힘들었던 뇌종양 치료제도 뇌에 주입할 수 있기 때문이다.

고양이 원충은 암세포 치료를 연구하는 학자들에게도 중요한 단서를 제공했다. 암환자의 경우 암세포를 죽이는 '자연살해 세포NK cell'가 대부분 약해져 있다. 그런데 고양이 원충을 주사하면 자연살해 세포가 갑자기 강해진다. 원기를 얻은 자연살해 세포는 다시 암세포를 죽인다. 이런 현상에 착안한 과학자들이 새로운 암 치료제를 만들었다. 암환자에게 '짝퉁 원충'을 주사한 것이다. 원충 유전자 중에서 병을 일으키지 않는 DNA(유전자) 부분만 암환자에게 백신처럼 주입했더니 면역력이 높아져 암세포가 죽었다. 새로운 방식의 암 치료법이 개발된 것이다. 이 방식을 이용하면 암환자의 백혈구 세포를 꺼내 그 안에 고양이 원충의 DNA를 집어넣을 수 있다. 이 경우 개인 맞춤형 암 치료 세포가 되므로 면역 거부반응을 일으키지도 않는다. 몸에 침투하는 기생 병원체로 신체에 기생하는 암세포를 치료하는 이이제이以夷制夷(오랑캐로 오랑캐를 무찌른다는 뜻으로 한 세력을 이용하여 다른 세력을 제어함) 전략인 셈이다. 21세기 첨단 암 치료 기술의 원천이 수억 년이나 지구에 살던 미물인 기생 생물체라니…. 이 미물에 절이라도 해야 할 판이다.

"곤충을 바르게 판단하려면 그들의 일과 사회를 응시하라. 그리고 이해하라. …저급한 기관을 갖고도 위대

좀비 기생 원충의 인체 침투 전략을 응용해
암 치료 기술을 개발한다.

한 일을 완성하는 그들을….” 프랑스의 곤충학자인 쥘 미슐레가 한 말이다. 곤충을 비롯한 수많은 생물체는 서로 치고받으며 진화해 왔다. ‘장군 멍군’ 전략 속에서 숙주와 기생 생물체는 애증愛憎의 관계를 유지했다. 이들의 생존전략은 인간에게 미래 신기술의 보물창고인 셈이다.

02

●

'수퍼 확산자' 구제역이 에볼라보다 무서운 이유

동물계의 두창, 구제역

영화 '양들의 침묵'(1991)은 아카데미 5개 부문 수상의 범죄스릴러 영화다. 엽기적 연쇄살인범을 쫓는 미연방수사국FBI 요원은 교도소에 있는 또 다른 사이코 살인자인 정신과 의사에게 제안한다. 연쇄살인범에 대한 정보를 제공하면 '플럼 섬Plum Island'으로 휴가를 보내주겠다고 말이다. 그러자 사이코 정신과 의사인 한니발 렉터는 "탄저균 섬엔 왜 가느냐"며 제안을 일축한다. 도대체 플럼 섬은 어떤 곳이기에 FBI가 관리하고 또 세균전 무기인 탄저균은 무슨 말인가.

플럼은 미국 뉴욕의 롱아일랜드에서 2㎞ 떨어진 섬이다. 여의도 면적만한 이곳은 외부인 출입금지 구역이다. 이 섬에는 미국 정부 소속의 구제역 연구소가 있다. 미국에서 유일하게 구제역 바이러스 관련 실험을 할 수 있는 곳이다. 외부와 완벽하게 격리되어야 할 만큼 구제역은 위험한 동물 바이러스다. 냉전 시대에는 세균전에 사용할 무기의 하나로 구제역 바이러스를 이곳에서 연구했다. 구제역 바이러스는 소, 돼지 사이에서 쉽게 퍼져 하루 만에 발열發熱, 일주일 내에 50% 이상이 죽는 무서운 병원체다. 설령 살아남더라도 제대로 성장하지 못한다. 짧은 시간에 한 나라의 축산 기반을 통째로 흔들 수 있는 가장 효과적인 가축용 세균전 무기다. 세균전 무기인 탄저균도 만들었을거란 일부의 추측 때문에 플럼 섬은 '탄저균 섬'이란 누명을 썼다.

최근 충청, 경기 지역의 구제역이 확산되고 있다. 2011년 331만 마리의 가축을 땅에 묻은 악몽이 재현될 수 있어 심히 우려스럽다. 구제역은 1980년대만 해도 낯선 병명이었지만 최근에는 자주 발생하고 있다.

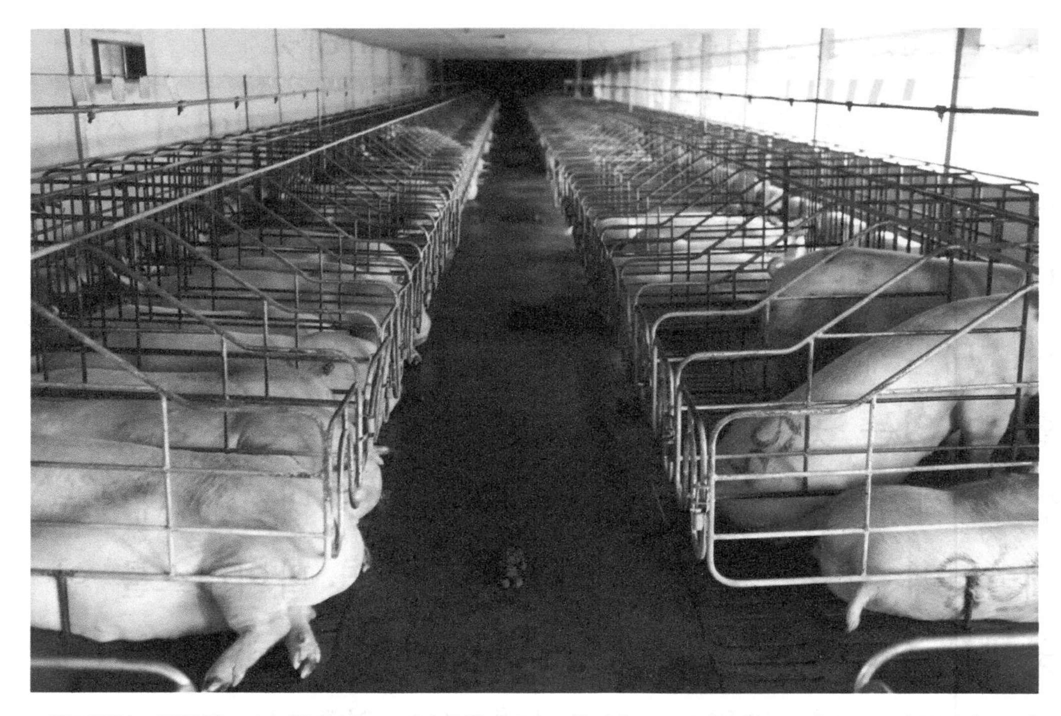

돼지를 밀집 사육하는 양돈장의 축사. 가축을 너무 비좁게 키우는 게 구제역 확산의 한 원인이다. 구제역 바이러스에 대한 면역력이 떨어지기 때문이다.

동물계의 두창(천연두)에 해당하는 것이 구제역이다. 동물 바이러스의 폭풍 전야인가? 우리 가축들을 지킬 방안은 무엇인가?

영국 자동차 경주 딱 한 번 거른 원인

2011년 1월 충남 성환 소재 국립축산과학원에 비상이 걸렸다. 근처 농가에서 구제역이 발생한 것이다. 연구소 측은 즉시 연구소 건물과 소, 돼지 사육장을 봉쇄했다. 연구소와 통하는 유일한 출입도로를 폐쇄하고 수천 마리의 가축과 함께 100여 명의 연구원도 자발적으로 외부와 자신을 격리했다. 먹는 음식은 완전 소독한 후 반입했다. 그렇게 100일을 버텨 냈다.

당시 전국을 덮친 구제역으로 수백만 마리의 돼지가 묻히고 2조 7000억 원이 날아갔다. 경제 피해만이 문제가 아니었다. 충북 진천 지역 돼지 10마리 중 9마리가 사라져 양돈 산업 자체가 붕괴되는 상황이었다. 게다가 '구제역 청정국가'에서 '발생국가'로 분류돼 한국 내 모든 돼지고기, 쇠고기의 해외 수출길이 막혔다. 설상가상으로 돼지고기도 안 팔렸다. "익혀 먹기만 하면 된다"면서 장관까지 나와서 직접 고기를 구워 먹는 장면을 연출했지만 삼겹살 음식점은 썰렁하기만 했다. 가축이 죽어나가고 수출이 막히며 고기가 팔리지 않는 삼중고三重苦에 축산농민은 속이 시커멓게 타들어갔다.

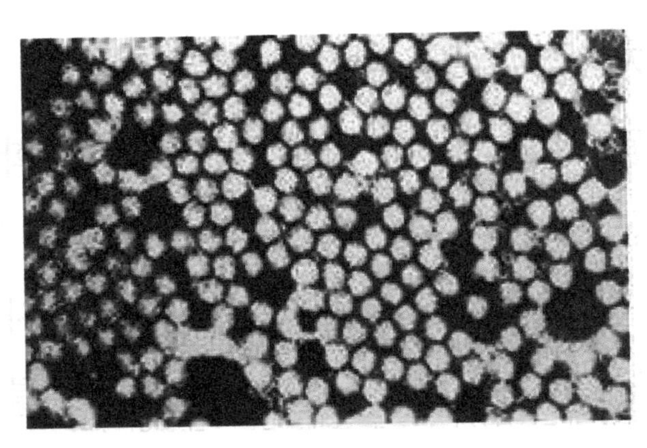

구제역 병원체 피코르나 바이러스picornavirus. 구제역 바이러스는 불안정한 RNA 바이러스의 일종이므로 그만큼 변종變種이 잘 생긴다. 변종이 많을수록 백신의 예방효과는 떨어진다.

이런 대재앙급의 구제역은 한국만의 문제가 아니었다.

영국 자동차 경주대회는 1958년 시작된 57년 전통의 국제대회다. 그러나 딱 한 번 이 경기가 취소됐다. 바로 구제역이 발생한 2001년이다. 영국에서 봄에 시작된 구제역은 2,000개 농장으로 퍼졌으며 1000만 마리의 소, 양, 돼지가 희생됐다. 피해액만 12조원에 달했다. 축산 선진국인 영국에서도 대규모로 발생할 만큼 대단한 전파력(감염성)을 가진 것이 구제역 바이러스다.

구제역은 지구촌 전체에서 해마다 6조~21조원의 피해가 발생하는 범汎 세계적인 가축질병이다. 병명인 구제역口蹄疫, Foot-and-Mouth Disease은 입口과 발굽蹄에 물집이 생기는 질병疫이란 의미다. 발굽이 두 개로 갈라진 돼지, 소, 말 등 80여 종의 동물을 감염시키지만 사람은 안전하다. 처음 세상에 보고된 1897년 이후 전 세계에서 간간이 발생했지만 2000년대 들어 그 빈도가 늘어나기 시작했다. 국내에선 오랫동안 생소한 질병이었다. 그런데 왜 구제역이 활개를 치게 된 것일까. 구제역 발생은 밀집된 사육 환경, 높은 감염력, 빠르게 변하는 바이러스의 특성 탓이다.

사육평수 늘리는 '가축 웰빙'이 대안

70년대 지방 소도시에 살던 필자는 뒤뜰에 있던 돼지 다섯 마리에게 밥을 주는 일이 주요 일과였다. 동네 가정집에서 모아온 음식 찌꺼기에 쌀겨를 버무려 주었다. 같은 초등학교에 다녔던 여학생 집만 애써 피해 다닌 기억은 있지만 돼지가 병에 걸려 죽은 기억은 없다. 당시 양돈이 농가의 소규모 부업 형태라면 지금은 대규모 기업형 농장 형태다. 10년 전에 비해 양돈

농가의 수는 40%로 줄었지만 1만 마리 이상을 키우는 대규모 농장은 2.3배나 늘었다.

대규모 사육이 이뤄지면서 돼지 한 마리당 허용된 공간이 좁아졌고 이로 인해 돼지들의 면역력도 약해졌다. 감염 돼지 1마리가 2,000마리를 감염시키는 것이 구제역 바이러스다. 이런 바이러스가 돼지들이 밀집한 한 농장을 순식간에 초토화시키는 것은 이미 예견된 일이었다. 밀집해 키우면 생산성은 높아지지만 그만큼 감염병에 취약해진다. 따라서 이젠 사육 방식의 개선을 고민할 때다. 가축의 사육평수를 늘려 면역력을 높이자는 최근의 '가축 웰빙' 방안이 눈길을 끈다.

에볼라 바이러스는 우주복처럼 입고, 금고처럼 생긴 완전 밀폐된 실험실에서만 다룬다. 구제역도 마찬가지다. 미국, 영국 등 축산선진국도 지정된 한 곳의 연구소에서만 구제역 바이러스 연구를 허용한다. 국내에도 농림축산식품부 산하인 농림축산검역본부 내 국제기준을 갖춘 구제역 연구실이 유일하게 허가, 설치돼 있다. 에볼라의 치사율이 높다고 하지만 감염은 오직 신체나 배설물 접촉을 통해서만 가능하다. 이와 달리 구제역 바이러스는 감기처럼 공기를 타고 이동할 수 있다.

구제역 바이러스는 죽은 돼지에서도 나온다. 죽어서 호흡과 배설을 멈췄는데 어디서 바이러스가 나올까. 2011년 미국 로런스 리버모어 국립연구소는 피부 각질이 원인임을 밝혔다. 떨어져 나온 각질은 먼지 형태로 날아가 축사 곳곳에 퍼진다. 이곳을 다녀간 사람의 옷에 묻고 차량에 붙어 먼지처럼 퍼진다. 따라서 한번 구제역이 발생된 농장은 완전 차단하고 거리를 충분히 둬야 먼지를 타고 바이러스가 퍼지지 않는다. 문제는 국내에선 많은 돼지, 소 농장이 도로 근처에 촘촘히 몰려 있다는 사실이다. 구제역 바이러스가 쉽게 퍼질 수 있는 환경이다. 잘 퍼질 수밖에 없는 국내 환경이라면 사전에 대비할 방법은 없는가. 예방백신을 접종해 미리 막을 수는 없을까.

필자는 해마다 독감(인플루엔자) 예방주사를 맞는다. 하지만 이맘때 가끔 독감에 약하게 걸려 고생한다. 독감 바이러스가 자주 자신의 모습을 변형시켜 독감 백신의 효과를 떨어뜨린 결과일 것으로 여겨진다. 독감이나 구제역 바이러스는 유전자의 종류가 DNA가 아니라

RNA다. 불안정한 RNA의 특성 때문에 변종變種이 수시로 생긴다. 현재까지 7종의 구제역 바이러스가 밝혀졌지만 같은 종種 내에서도 유전자 순서가 30%까지 다른 변종들이 존재한다. 만약 이 변종 구제역 바이러스가 돼지나 소의 몸에 침입하면 구제역 예방백신의 효율(효과)은 떨어지게 마련이다.

구제역 백신의 예방 효과가 절대 100%가 될 수 없다는 사실 외에도 구제역 백신을 놓으면 돼지 수출 재개 기간이 그만큼 늦춰진다는 문제가 있다. 이유는 백신을 맞은 돼지 속에 남은 '죽인 바이러스(백신)'와 실제 구제역을 일으킨 '살아 있는 구제역 바이러스'의 구분이 쉽지 않아서다. 또 어떤 돼지는 구제역 백신 때문에 바이러스가 성장하진 못하지만 바이러스 자체는 계속 몸에 지니는 이른바 '보균保菌'상태를 보인다. 따라서 백신을 접종하면 구제역이 사라진 후에도 일정 기간이 지나야 안심할 수 있는 '청정국가'가 될 수 있다. 정부가 가능한 한 백신을 쓰지 않고 구제역을 잡으려 하는 것은 그래서다.

보통은 구제역이 발생하면 먼저 해당 농장을 차단,

격리하고 그 반경 500m의 가축을 살殺처분해서 백신 없이 버텨보려 한다. 그래도 확산이 계속되면 백신 사용이 불가피해진다. 구제역 백신도 접종 후 돼지 등의 몸에 항체抗體가 생기려면, 다시 말해 효과를 보려면 얼마간 시간이 걸린다. 따라서 어떤 시점에 얼마의 범위로 어떤 백신을 사용할 것인가가 구제역 백신 정책의 핵심이다. 예방을 넘어서 지구상에서 구제역을 아예 없애버리는 방안은 없을까.

농부도 쉽게 다룰 진단 키트 개발 중

2001년 2월 19일 영국 정부에 급보가 날아왔다. 런던 근교의 한 도축장에서 발굽에 수포가 있는 돼지가 발견됐다는 것이다. 돼지 공급 농장을 역逆 추적해 보니 도축장에서 500㎞ 떨어진 '번사이드' 농장이었다. 해당 농장은 구제역에 모두 감염된 상태였다. 발병 시기는 이미 3주 전이었다. 영국의 가축 방역당국은 발생 농장을 격리, 차단하고 살처분을 시작했다. 하지만 구제역은 이미 가축, 사람, 차량을 타고 도로를 통해 3

주 동안 영국 전역으로 번지고 있었다. 엄청난 피해를 부른 2001년 영국의 구제역 파동은 초기 대응에 3주나 걸린 것이 가장 큰 원인이었다. 이처럼 초기대응이 구제역 해결의 열쇠다.

최근 연구 결과에 따르면 구제역, 조류 인플루엔자AI, 에볼라 등 모든 고高감염성, 고위험성 감염병의 확산을 막는 가장 확실한 방법은 바이러스를 최대한 빨리 검출해 신속하게 대응하는 것이다. 구제역의 경우 입, 다리에 수포가 생기는 실제 증상을 보고 가축의 격리를 시작하면 너무 늦다. 증상이 나타나기 전에 구제역 바이러스는 이미 외부로 퍼져 나오기 시작해 다른 돼지들을 감염시키기 때문이다. 따라서 최대한 일찍 바이러스를 검출한다면 퍼지기 전에 가장 효과적으로 대응할 수 있다. 구제역 조기 발견의 핵심 기술은 현장에서 농부도 쉽게 사용할 수 있는 진단 키트kit다. 바이오 나노 칩bio nano chip은 손톱만 한 칩에 가축의 피 한 방울만 묻히면 구제역 바이러스 여부를 수분 안에 검사할 수 있는 도구다. 농림축산검역본부도 2011년부터 구제역 진단 바이오칩을 개발하고 있다. 여기에 스마트

구제역 대처에 성과를 거두려면 바이러스를 초기 검출해 조기 대응해야 한다. 축산 농가에서 쉽게 사용할 수 있는 진단 키트의 개발과 보급이 중요한 이유다.

폰이 결합되면 금상첨화다.

『바이러스 폭풍』의 저자인 미국의 바이러스 학자 네이선 울프는 "지금은 바이러스 폭풍viral storm이 올 완벽한 조건이 갖춰졌다"고 기술했다. 구제역이야말로 전 세계를 무대로 활동하는 가축 바이러스다. 항공기 승객 모두가 바이러스를 하루 만에 지구 반대편으로 옮길 수 있는 '수퍼 확산자'다. 또 먼 나라의 가축 부산물도 사료로 수입해서 쓰는 지구촌村에 살고 있다. 전 세계적인 공동 대응 없이는 어느 나라도 안심할 수 없다. 구제역은 동물계의 두창과 같다. 과학기술의 발달로 인류가 박멸시킨 두창처럼 구제역도 지구상에서 완전히 없앨 수 있다.

03

에볼라 확산은 밀림 파괴와 밀렵에 대한 '보복'

바이러스와의 전쟁

중국의 마술 변검變臉은 짧은 시간에 빰臉, 즉 얼굴이 변하는 고난도 기술이다. 그 중 한 방법은 여러 겹의 얇은 가면을 미리 쓰고 있다가 '휙휙' 한 겹씩 벗겨내는 기술로 '와!'하는 감탄사가 절로 나온다. 변검의 최고봉 기술은 얼굴의 색을 감정 조절로 변화시키는 방법이다. 기술이 어려워 제대로 할 수 있는 사람이 거의 없다.

1995년에 개봉된 오천명 감독의 중국영화 '변검'을

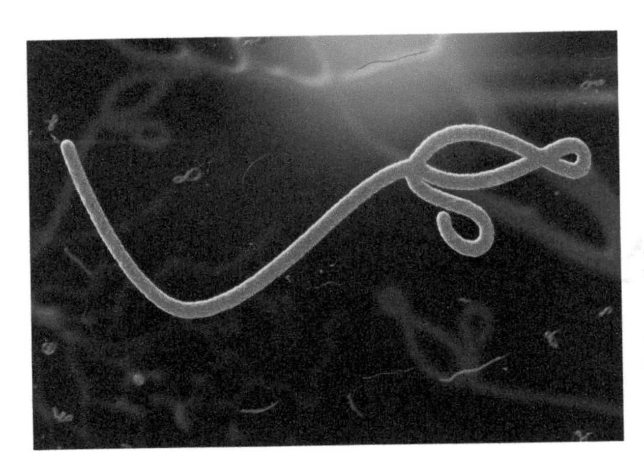
에볼라 바이러스 확대

보면서 지구상에서 가장 변검을 잘 할 수 있는 생물체는 무엇일까 하는 '직업 정신'이 발동됐다.

최근 서부 아프리카에서 발생해 전 세계를 공포에 떨게 하는 에볼라 바이러스가 변화의 천재가 아닐까? 문제는 중국 마술처럼 '와!'하는 탄성 대신 '싸'한 두려움이 앞선다는 점이다. 에볼라 바이러스는 스스로 '변해' 한국을 감염시킬 수도 있을까? 나는 평소 뭘 해야 하나?

미국, 생물학전 대비해 치료제 개발

2014년 8월 2일, 서아프리카를 출발해 미국 애틀랜타 공항에 도착한 전세기에서 두 명의 미국인이 후송되는 장면이 마치 SF영화처럼 생중계 됐다. 철저한 보호 장비 속의 에볼라 감염 환자는 곧 바로 대학병원으로 이송됐다. 다행히 치료주사를 맞고 기적적으로 회생했다. 치사율이 90%에 달하는 에볼라 바이러스를 미국 본토에 들여오는 위험을 무릅쓰고, 거액을 들여 두 미국인을 사지死地에서 데려와 살린 오바마 정부의 용단이었다. 이는 미국인에게 성조기에 대한 자부심을, 다른 지구인에게는 에볼라 공포에 대한 안도감을 주었다. 치료제로 사용된 'ZMapp' 주사에 대한 관심이 집중됐다.

한 가지 이상한 점이 있었다. 미국인이 후송되기 전까진 공식적으로 에볼라 치료제가 없었다. 에볼라 발병 5개월 동안 1,847명이 감염, 1,002명이 숨질 때까지 현지 아프리카 환자들이 받은 치료는 탈수방지 수액제(링거액)가 전부였다. 지금껏 치료, 예방약이 안 나온 이유로 거론되는 것들이 몇 가지 있다. 일단 바이러스가 너무 위험해서 다루기 힘들고 감염경로를 모르며 멀리 떨어진 아프리카에서 발병해 바이러스 샘플 채취가 어렵기 때문이라고 했다. 하지만 미국은 그동안 치료제를 거의 만들어 놓고 있었다. 동물을 대상으로 한

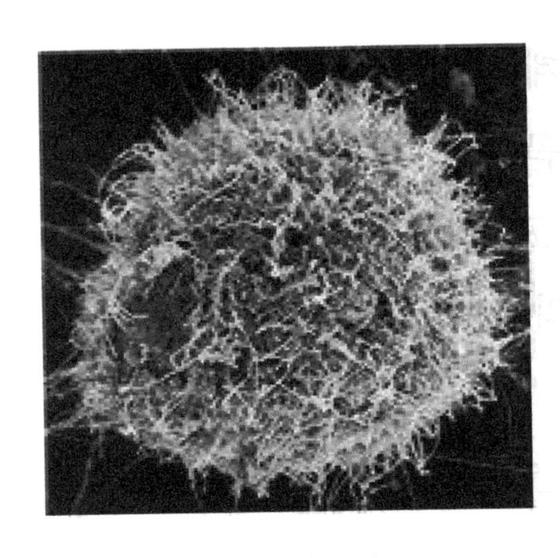

에볼라 바이러스의 전자현미경 사진. 감염된 동물세포(노란색)에서 밖으로 나오는 에볼라 바이러스(청색)

효능 판정 연구가 끝난 'ZMapp'은 에볼라 바이러스를 쥐에 주사한 뒤, 쥐의 혈액 속에 형성된 면역방어물질인 항체antibody를 천연물과 혼합한 약이다.

미국은 왜 이 약을 만들고 있었을까? 에볼라는 돈이 되는 병이 아니다. 작년까지만 해도 이 바이러스는 치사율은 높지만 그 지역 주민만 희생시키고 전 세계로 퍼지지 않았기 때문이다. 지금까지 몇 년에 한 번씩 가끔, 그것도 가장 가난한 나라에서만 발생했다. 사망자수도 40년 간 1,000명이 넘지 않았다. 그런데도 미국이 에볼라 치료제 개발에 나선 것은 생물학 무기 치료제로 사용하기 위해서였다. 적국이 생물학전 무기로 에볼라 바이러스를 사용하려면 높은 치사율도 필요하지만 빠르게 전파돼야 한다는 것이 더 중요하다. 에볼라 바이러스가 '에어로졸', 즉 안개 형태의 미세 물방울로 퍼질 수 있어야 한다는 얘기다.

서西 아프리카에서 유행 중인 에볼라 바이러스가 환자를 직접 접촉한 경우에만 옮겨진다고 해서 100% 안심할 순 없다. 실제로 에볼라에 감염된 돼지와 직접 접촉이 안 되는 곳에 격리됐던 원숭이가 감염됐다는 연구Scientific Report(2012년) 결과는 안개 형태의 에어로졸로 에볼라가 옮겨질 수 있는 가능성을 보여줬다. 독감을 일으키는 인플루엔자 바이러스는 바이러스의 '외피'를 벗어던지고 알맹이인 유전자RNA만을 민들레 씨앗처럼 공중으로 날려 보내는 '공기 부양' 능력을 갖고 있다. 에볼라 바이러스는 '공기 부양'까지는 아니지만 미세 방울 형태라면 어느 정도 이동이 가능하다. 비행기 내에서 에볼라 환자가 기침으로 바이러스를 내뿜는다고 가정해 보자. 인플루엔자처럼 전체 항공기 내로 에볼라 바이러스가 퍼지진 않지만 기침 속의 미세 침방울이 닿는 근처 승객은 위험해질 수 있다. 모든 바이러스는 살아남기 위해 변화하고 진화한다. 에볼라 바이러스가 인플루엔자 바이러스처럼 공기 속에서 오래 머물 수 있도록 진화할 가능성은 없는가?

과일박쥐, 원숭이, 곤충 등 숙주 의심

영화 '변검'에선 마술사인 주인공 할아버지를 따라 다니는 여자 아이가 나온다. 아이는 변검 마술을 배우고 싶어하지만 여자가 마술사가 되는 것이 못마땅한 할아버지는 그 비법을 알려주지 않는다. 어느 날 고아는 마술사 몰래 비법이 담긴 '통'을 찾아 나서고 드디어 나무상자에 든 수십 장의 가면종이를 발견한다. 얼굴을 순식간에 변하게 하는 마법의 '통'을 발견한 것이다.

바이러스 학자들도 여자 아이처럼 '통'을 찾아 헤맨다. 이들에게 '통'은 야생동물이다. 2003년 세계를 휘저은 사스SARS(중증 급성 호흡기증후군) 바이러스의 '통'은 중국 광동성의 요릿집에 있었다. 사향고양이와 뱀으로 만드는 '용호봉황탕龍虎鳳皇蕩'은 중국 광둥성의 명물요리다. 재료로 사용된 야생동물인 사향고양이에 숨어있던 사스 바이러스가 요리사를 감염시키면서 이

병은 전 세계로 확산됐다. 이처럼 야생동물은 바이러스의 '통'이자 시작점이다. 그래서 바이러스 학자들은 바이러스가 자연에서 자신의 '몸'을 의탁하고 있는 동물, 즉 바이러스들이 기생하는 숙주宿主를 찾는 데 주력한다. 그래야 전파경로를 알 수 있고 병의 확산을 차단할 수 있기 때문이다.

1976년 아프리카 자이레(현재 콩고 민주공화국)와 남수단에서 602명 감염, 431명 사망이란 사상 최고의 치사율로 세상에 첫 선을 보인 에볼라 바이러스의 숙주는 어떤 동물일까? 바이러스 과학자들은 에볼라 발생지역인 밀림을 샅샅이 뒤졌다. 지난 20년 간 3만 마리에 달하는 포유류, 조류, 양서류, 곤충을 조사했다. 과일박쥐가 주범일 거라고 하지만 원숭이, 곤충, 새일 가능성도 아직 남아 있다. 바이러스에게 '통', 즉 야생동물은 후손을 보존하는 안전한 공간이지만 변종變種을 만드는 장소이기도 하다.

바이러스에겐 ‘유토피아’인 인간의 몸

‘살아서 퍼뜨려라.’ 모든 생물의 DNA(유전자)에 프린팅(입력)된 이 사명을 위해 바이러스는 숙주 안에서만 머물지 않고 종종 바깥출입을 한다. 외출할 때는 그동안 숙주 안에서 길러온 수많은 변종을 데리고 나간다. 다양한 변종이 많을수록 자신을 위협하는 적을 공격하기가 유리하기 때문이다. 변종을 특히 잘 만드는 바이러스는 RNA를 유전자로 가진 바이러스들이다. 인플루엔자(독감), 사스, 에이즈AIDS, 에볼라 등 악명 높은 바이러스들은 하나 같이 RNA 바이러스 ‘가문’에 속한다. 사촌인 DNA 바이러스에 비해 불안정한 RNA 탓에 별별 녀석들이 다 발생한다. 이로 인해 작년에 잘 듣던 독감 예방주사가 올해의 변종 바이러스엔 효능이 거의 없는 경우가 종종 생긴다. 이에 따라 독감 예방주사를 맞은 사람들이 다시 독감에 걸려 고생하게 된다. 야생오리에서 살던 바이러스와 닭에 감염된 바이러스가 돼지 몸에서 만나 유전자가 서로 섞이면 문제가 훨씬 심각해진다. 그 후 돼지와 접촉한 인간을 감염시키는 ‘생전 처음 보는 변종’이 생기면 그야말로 큰일이다. 18

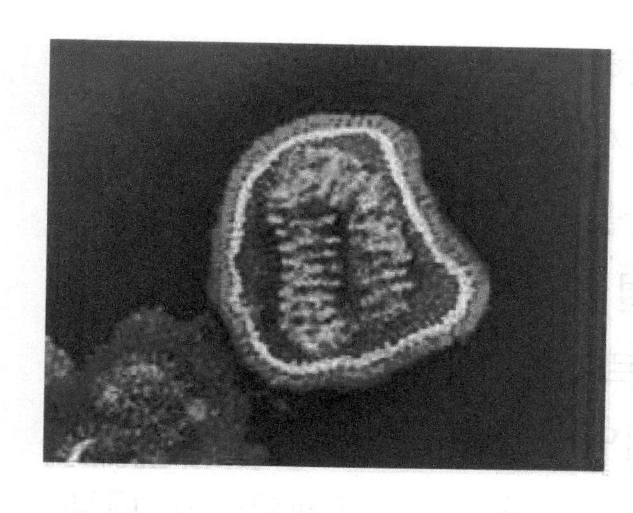

인플루엔자(독감) 바이러스. 둥근 바이러스 외피 안에서 변이가 잘 되는 RNA 유전자가 보인다.

세기 유럽을 휩쓴 두창(천연두) 같은 대재앙이 재현될 수 있다.

바이러스의 입장에서 보면 인간은 새로운 적敵이다. 인간보다 훨씬 오래 전부터 바이러스는 지구상에서 자리 잡고 살면서 동식물 숙주 속에서 평화로운 나날을 보내고 있었다. 그러던 어느 날 두 발로 걸어 다니는 '인간'이란 새로운 동물이 나타났다. 인간이란 새로운 종種을 유심히 관찰하던 바이러스들이 '가문家門 회의'를 열었다. 여기서 내린 결론은 인간이 바이러스인 자신들의 생존에 있어서 인간은 최고의 '유토피아Utopia(이상 사회)'란 것이다.

인간들은 일부러 밀림까지 들어와서 야생동물을 사냥

하기 시작했다. 이로 인해 바이러스와 접촉할 기회가 많아졌다. 인간들이 모여서 살기 시작한 것도 바이러스에겐 호사好事였다. 인간을 한꺼번에 감염시켜서 바이러스 자신의 후손들을 널리 퍼뜨릴 수 있게 됐기 때문이다. 인간이 가축을 기르기 시작했다는 것도 바이러스들이 '환호'할 만한 일이었다. 가축은 바이러스가 인간과 접촉하게 하는 가장 훌륭한 중간 매개체이기 때문이다. 게다가 인간은 바이러스에 감염된 야생동물을 데려다가 집에서 기르기까지 했다.

바이러스들의 '가축 이용 작전'은 대성공이었다. 소와 잘 소통하는 두창 바이러스를 인간에게 감염시킨 것이 단적인 예다. 인플루엔자(독감 바이러스)는 조류, 말, 돼지 등 동물 세상에 두루 퍼져있다. 이런 동물과 수시로 접촉하는 인간을 감염시키기란 '식은 죽 먹기'나 다름없다. 게다가 세계가 하루권이다. 두창, 에이즈, 사스, 아시아 독감, 그리고 이번 에볼라까지 인간은 바이러스에게 연타를 맞고 있다. 과연 이 전쟁에서 인간은 승리할 수 있을까?

현재 기술 수준으로 볼 때 에볼라 예방백신과 항체

치료제는 몇 개월이면 만들 수 있다. 이런 면에서 인류는 바이러스와의 전쟁에서 한 수 위인 것처럼 보인다. 게다가 두창을 완전 박멸한 화려한 경력도 있다. 하지만 아직 안심하긴 이르다. 아프리카에서 발원한 미지의 바이러스가 인간에게 전달되는 경로엔 늘 야생동물이 있다. 밀림 개발로 이 야생동물들이 사는 곳이 줄어들고, 밀렵으로 야생동물의 수가 감소하면서 여기에 살고 있던 바이러스들이 새로운 살 곳을 찾아 나서고 있다. 새 주인이 닭, 돼지 등 가축일 수도 있고, 사람일 수도 있다.

외출 후엔 손, 얼굴 비누로 씻어야

오랫동안 바이러스를 추적해온 미국의 바이러스 학자 네이선 울프 같은 과학자들은 이런 징후가 늘고 있음을 우려한다. 바이러스가 살고 있던 지역을 인간이 침범하면서 이들과 부딪치는 상황이란다. 인류는 이 상황을 이해하고 '역풍'에 대비해야 한다. 필자의 대학 식당엔 작년에 조류 인플루엔자AI가 유행할 때 사용했던

바이러스를 잘 알고 미리 준비하는 것이 중요하다.

손 소독 통이 아직 그대로 있다. 당시 수시로 사용하던 그 통을 올 들어 쓴 기억이 없다. 바이러스에 관심이 있는 필자도 기본 위생습관이 엉망이다.

지금 당장 에볼라가 한국에 상륙할 확률은 높지 않고, 환자가 발견되더라도 격리 후 치료한다면 퍼질 염려도 거의 없다. 이보다는 해마다 에볼라보다 더 많은 사상자를 내고 있는 인플루엔자에 노약자나 어린이는 특히 조심해야 한다. 사람이 여럿 모인 곳에 다녀오면 손, 얼굴 등 노출된 곳은 반드시 비누로 씻어 혹시 붙어있을지도 모르는 바이러스를 제거하는 것이 중요하다. 감염병 위험지역을 여행할 때는 해당 감염병에 대한 예방주사를 맞고 깨끗한 음식, 물을 찾아 마시는 것은 기본이다. 노벨 생리의학상 수상자인 미국의 조수아 레티버그는 "인류가 지구에서 살아남는 데 있어 가장 위험한 적은 바이러스"라고 지적했다. 하지만 바이러스를 정확히 알고 인류의 약점을 파악해 잘 대비한다면 바이러스가 백번 공격해도 지구상의 인류는 위태롭지 않을 것이다. 지피지기 백전불태知彼知己百戰不殆인 것이다.

04

●

몽골군, 인류 첫 세균전 …
흑사병 시신 투척해 성 함락

빈자의 '핵무기' 세균

2015년 코리안시리즈 결승전이 한창인 야구 경기장. 6회 만루 홈런 뒤 축하 폭죽에 3만 관중은 환호성을 질렀다. 9회까지 팽팽한 경기 중계에 정신이 없던 장내 아나운서는 아까부터 책상 위에 놓여 있었던 편지 봉투에 손이 간다.

"아까 폭죽과 함께 공중에서 날렸던 탄저균 가루야. 행운을 빌어!"

동시에 봉투에선 흰 가루가 쏟아져 내린다. 기겁을 한

장내 아나운서는 순간 망설인다. 이게 진짜인가? 이제 곧 경기가 끝나는데 문을 폐쇄해 감염병의 전파를 막아야 하나? 아니면 긴급 대피하라고 해야 하나? 망설임 끝에 우선 급한 대로 경찰에 연락을 한다. 앵앵거리는 경찰차의 모습에 군중들이 웅성거리기 시작한다. 누군가 "탄저균!"이란 외침에 놀란 사람들이 좁은 계단으로 동시에 몰리면서 수십 명의 사망자가 발생한다.

편지 봉투 하나로 수십 명을 힘 안 들이고 살상한 테러리스트는 유유히 현장을 빠져나간다. 그 후 경찰의 확인결과 흰 가루는 탄저균이 아닌 밀가루였다.

물론 상상 속의 시나리오다. 하지만 실제로 이런 일이 벌어진다면 장내 아나운서나 달려온 경찰은 어떻게 대응해야 하는지 알고 있을까? '탄저균'이란 말은 들어봤는데 이 경우 즉시 도망가야 하는지 아니면 입을 손수건으로 가리고 기다려야 하는지를 아는 사람이 몇 명이나 될까?

1991년 이스라엘, 이라크 간의 걸프전 당시 39발 미사일이 이스라엘 텔아비브 근방으로 향했다. 그중엔 불발된 미사일도 있어서 미사일로 인한 실제 사망자는 2

14세기 유럽, 벨기에 토리네이시市의 흑사병 대유행 장면
(디아스포라박물관)

명에 그쳤다. 그러나 실제 병원에서 치료를 받은 사람은 1,000명이 넘었다. 화학무기 공격이란 소문과 공포심 때문에 개인용 치료제인 아트로핀 주사를 과다하게 사용해 그 부작용으로 입원한 환자가 대부분이었다. 비교적 전쟁에 대비가 잘된 이스라엘 국민도 모르는 것에 대한 공포나 소문에 의한 사고, 손실이 실제 타격

보다 더 크다는 것을 보여준 단적인 사례다.

대한민국을 큰 슬픔과 허탈에 빠지게 한 세월호 참사도 비상상황에서 어떤 일을, 어떤 순서로 해야 하는지 모르는 '훈련되지 않은' 관계자들로 인해 발생했다. 탄저균 같은 세균전 테러는 해당 도시 인구 전체를 극심한 공포와 혼란으로 몰아넣는 국가적 초비상 사태다. 세균전 테러는 우리에게 닥칠 수 있는 일이다. 탄저균이 실제로 위험한지 아니면 미리 겁먹을 필요가 없는 것인지 바로 알아야 야구장 관객처럼 무조건 뛰쳐나가지 않는다. '알아야 산다.' 이 구호는 필자가 화생방 장교로 훈련을 받던 한 육군부대의 구호이기도 하다.

화생방 교육부대 구호 '알아야 산다'

1347년, 흑해 연안의 카파 성을 공격하던 몽골 병사가 투석기를 이용, 흑사병으로 숨진 시신을 성 안으로 던졌다. 인류 최초의 세균전, 더 정확하게 '생물학전 Biological Warfare'의 시초다. 페스트균에 의한 흑사병은 발병 6년 새 당시 유럽 인구의 3분의 1을 숨지게

철저한 대비훈련으로 세균테러에 대응해야 한다.

했다. 총 한 방 쏘지 않고 수억 명을 죽인 페스트균은 엄청난 살상력을 가진 세균전 무기가 될 수 있다. 실제로 병원균을 전쟁무기로 사용하려는 시도는 2차 세계대전까지 계속됐다. 1940년 10월 9일 만주에 주둔한 일본군 731부대 시리이시 의무대장은 페스트균과 이 세균에 감염된 벼룩을 비행기로 중국 닝포 지역에 살포했다. 살포 후 한 달 새, 99명이 흑사병으로 사망했다. 731부대는 인간 실험대상인 '마루타' 3,000명을 희생시키며 세균전을 준비했다. 전대미문의 이 잔인한

일본 731부대의 세
균전 무기 실험 장면

기록은 당사자 무無처벌, 일본 천황제 유지 등의 조건으로 승전국인 미국에 넘어갔다.

동서 간 냉전이 종료돼 지구촌에 전쟁 위협이 줄어든 1979년 4월. 소련 모스크바 동쪽에 위치한 인구 100만 명의 도시 예카테린부르크 지역에 의문의 질병이 발생했다. 고열과 호흡장애로 94명이 감염됐고 그중 68명이 숨졌다. 소련 KGB(비밀경찰)는 이 사건을 식중독 사고로 은폐해 발표했다. 하지만 국제적인 압력에 굴복, 소련은 미국 합동조사팀의 역학 조사를 허용했다. 식중독 사고였다던 사망 사건의 실체는 도시 주변 지역에 있던 군사기지에서 극소량인 수㎎의 탄저균이 미세 안개(에어로졸) 형태로 누출된 사고였다. 1992년 러시아 대통령 옐친은 이 사고 당시 이미 6만 명의 연

제품 식품산업에 널리 사용되는 균菌 배양탱크fermenter의 단순한 내부 모습

2001년 미국의 상원의원 톰 대슐에게 소달된 탄저균 편지봉투. 이 봉투로 인해 2명의 우체국 직원이 숨졌다.

구원이 두창(천연두) 바이러스, 페스트균 등을 개발해 미국을 목표로 하는 대륙간 탄도 미사일에 장착했음을 고백했다. 미국으로선 핵무기만큼이나 섬뜩한 내용이었다. 옐친이 고백한 6만 명의 연구원들은 소련연방 붕괴 후 지금은 어디로 갔을까? 그들이 보유했던 기술은 '은밀한 무기'인 세균전 무기를 갖고 싶어 하는 국가나 테러단체엔 달콤한 유혹이다. 육군화생방교육부대의 구호인 '알아야 산다'의 '알아야' 하는 것 중엔 상대방

무기, 공격 방법이 포함된다. 북한은 이미 50년 전부터 세균무기 보유의 필요성을 천명해왔다. 하지만 현재 북한의 실상과 능력을 잘 모르고 있다는 것이 우리를 두렵게 한다. 세균전에 사용되는 무기의 종류는 무엇이고 얼마나 위험한 것인가?

AI 돌연변이는 사람 목숨도 위협

1990년대 초, 필자의 지인이 국가안전기획부에 불려갔다. 지인은 효모를 키워서 술을 만드는 스테인리스 통, 즉 '배양기fermenter'라고 부르는 산업용 발효기계를 만드는 중소기업 사장이다. 중국에 5t짜리 배양기를 수출했던 것이 불려간 이유였다. 이 크기라면 탄저균 분말 5㎏ 정도는 쉽게 만들 수 있어, 당시 공산주의 국가인 중국의 누구에게 팔았는지를 안기부가 꼬치꼬치 확인한 것이다. 이처럼 '세균전 무기'인 병원균을 대량으로 키우는 기술은 생각보다 간단해서 대학생 정도라도 실현 가능하다. 단지 세균전에 쓸 수 있는 'A급 위험성 병원균'을 구하는 것이 관건이다. 현재 A급

세균전 무기로 두창, 페스트, 탄저균, 보툴리눔 독소, 야토병野兎病, 바이러스성 출혈열 등 6종이 있다. 두창, 페스트균 같은 감염성 병원균과는 달리 탄저균은 사람 간에 직접 감염이 되지 않고 개인이 흡입할 경우만 감염된다. 하지만 탄저균은 제조, 보관, 운반, 사용이 쉬워서 편지 봉투로도 테러가 가능하다. 탄저균은 그런 의미에서 자금이 부족한 테러집단이 침을 흘리는 첫 번째 무기다. 세균무기는 살포 기술이 치사율을 결정한다. 밀가루 형태보다는 '에프킬러' 같은 안개형태로 만들어 살포하면 치사율이 급증한다. 유엔 보고서에 의하면 1㎏의 사린가스는 사방 0.1㎞ 내의 인구 50%를 사망시키지만 같은 무게의 탄저균은 그보다 1,600배 넓은 사방 4㎞ 내의 25~50%를 감염, 사망시킨다. 비용도 화학 무기, 핵무기, 재래식 무기의 1,000분의 1 수준에 그친다.

얼마 전 북한발發로 추정되는 무인기가 서울 상공을 날아다녔다. 1㎏의 탄저균을 농약 뿌리듯 살포하는 것이 불가능하진 않다. 저비용, 고치사율의 세균(생물)무기의 가장 두려운 점은 이것을 개량해 초강력 돌연변이로 만들 수 있다는 점이다. 첨단과학이 가장 잔인한 병원균을 만드는 데 쓰이는 아이러니다.

2012년 저명학술지인 『미국 내과 학회지』에는 조류인플루엔자AI 바이러스의 돌연변이를 만들어서 인간을 포함한 다른 포유류에게도 쉽게 감염시키는 방법이 소개됐다. AI는 원래 사람에게 쉽게 감염이 안 되지만 일단 감염 시 60%의 사망률을 보이는 고위험 바이러스다. 이 돌연변이 제조방법이 공개되면서 찬반이 팽팽하게 맞섰다.

"왜 이런 위험한 변종을 만드느냐, 테러집단이 따라하면 어떻게 하려고…"라는 반대파와 "이런 변종이 생기면 인간에게 감염이 되는지 연구하고 또 이런 변종의 감염이 현실화됐을 때 어떻게 대처해야 하는가 알아야 할 것 아니냐"는 찬성파로 나뉘었다. 결국 실험은 안전한 곳에서 하고, 만드는 방법은 최소한만 공개하는 선으로 마무리됐다. 현재 생명공학 기술로 AI의 유전자를 변형시키는 것은 그리 어려운 일이 아니다.

다른 하나의 큰 위협은 테러집단의 연구자들이 항생제의 약발이 듣지 않는 돌연변이 균을 만드는 것이다.

탄저균에 항생제가 듣지 않도록 유전자 변형을 한다면 감염된 환자를 치료할 방법이 없어진다. 물론 세계도 이런 위험한 연구에 대비해 병원성 균의 특허와 연구는 비공개를 원칙으로 하고 있다. 또 병원성 균을 쉽게 구하지 못하도록 하는 장치도 만들었다. 하지만 "지키는 사람이 열 명 있어도 도둑 한 명 못 잡는다"는 말이 있다. 은밀하게 진행되는 테러집단의 작업을 다 감시할 방법은 없다. 우리는 대비하고 있어야 한다. 세균전 전문 연구자인 연세대학 성백린 교수는 유사시를 대비한 국가 차원의 예방 백신과 치료제의 사전 비축, 사전훈련의 필요성을 강조한다.

세균 테러 대비책, 감염병 예방과 같아

1976년 콩고 느예리 지방에 에볼라 바이러스가 발생, 550명 환자 중 430명이 사망했다. 이때 현장에 의료진보다 먼저 출동한 것은 놀랍게도 군인이었다. 도망가려는 환자를 막아선 것이었다. 사람과 사람 간접촉에 의해 전파되는 에볼라 바이러스가 그나마 더 이상

확대되지 않은 것은 이런 신속한 격리조치를 포함한 대비책 덕분이었다. 세균 테러의 대비책은 근본적으로 감염병 예방법과 같다. 누군가가 고의로 살포된 정황이 있으면 선격리, 후조치가 기본이다. 이런 기본적인 내용을 교육받지 못하고 이해하지 못하면 영화 『감기』(2013)에서처럼 무조건 탈출하는 위기상황이 발생한다.

필자가 머물던 미국 대학에선 한 달에 한번 긴급대피 훈련을 했다. 비상벨이 울리면 연구원, 환경미화원 할 것 없이 모두 그 상태에서 재빨리 밖으로 나갔다. 이런 상황에서 제일 늦게 나간 그룹은 늘 나를 포함한 한국 학생, 연구자들이었다. 늘 모든 것을 빨리빨리 서두르던 우리 국민이 대피훈련엔 왜 느긋했을까? 훈련, 대비를 평소 소홀히 했기 때문이다. 세월호 참사에서 희생된 아이들은 한국 사회에 큰 경종을 울렸다. 이들이 목숨으로 가르쳐 준 교훈을 잊지 말고 세균전 테러에 대비해야 한다. 알아야 산다.

05

●

‘내시 모기’가 모기 박멸 특효 … 생태계 망칠까 투입 멈칫

병 주고 약 주는 인류의 적

세상에서 사람을 가장 많이 죽이는 동물은 무엇일까? 우선 떠오르는 동물은 악어와 독사다. 하지만 이들보다 훨씬 많이 사람 목숨을 뺏는 동물은 아이러니하게도 사람이다. 사람보다 더 위험한 놈이 있다. 모기다. 세상을 떠들썩하게 했던 사스SARS(중증 급성 호흡기 증후군) 바이러스 사망자가 전 세계적으로 1,000명 미만인 것에 비하면 말라리아, 황열, 뎅기열 등 모기가 옮기는 병으로 숨지는 사람은 매년 70만 명 이상이다.

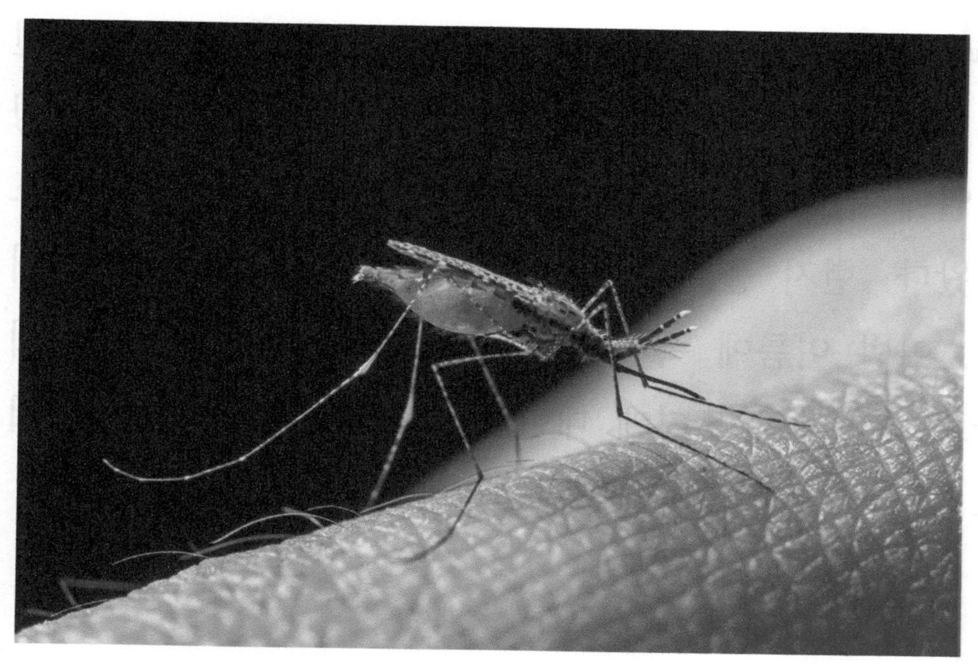

말라리아를 옮기는 중국 얼룩날개모기. 피를 더 빨기 위해 걸러낸 피를 내보낸다.

우주선으로 사람을 달나라에 보내는 일은 놀랄 뉴스도 아닌 최첨단 과학시대다. 그런 인간이 체중이 2㎎에 불과한 모기에게 당하고만 있다는 것이 우스운 일이지만 쉽게 풀지 못하는 인류의 숙제다. 미국의 IT 사업가 빌게이츠가 20억 달러의 기부금을 제공, 모기로 인한 말라리아 퇴치를 공언한 이유이기도 하다. '모기 보고 칼 뺀다'는 속담처럼 모기에게 인간이 큰 칼을 빼 든 셈이다.

과연 성공할 수 있을까? 모기가 옮기는 뎅기열로 인해 필리핀에서 200명 이상이 숨지고 해외여행 도중 뎅기열에 감염된 한국인이 두 배로 급증했다는 뉴스도 나왔다. 현지 풍토병이 결코 '강 건너 불'이 아닌 것이다. 이번 여름에 특별히 해외여행 계획이 없는 사람이라고 하더라도 모기에 대한 대비는 필요하다. 국내에서도 말라리아 환자가 계속 발생하고 있기 때문이다.

암모기, 이산화탄소로 사람 감지해 공격

'모기와의 전쟁'은 어제오늘 일이 아니다. 이미 태고적부터 있었다. '작은 파리quito, mos'란 의미인 모기는 1억 7000만 년 전에 등장해 동물과 같이 지내다가 200만 년 전부터 인간과 동거를 시작했다. 이후 인간은 '모기와의 전쟁'에서 일방적으로 두들겨 맞고 있는 신세다. 3,500여 종에 달하는 모기들 중 동물이나 사람을 무는 모기는 모두 암놈이다. 수놈은 식물 즙을 먹는 '평화주의자'다. 모기가 다른 동물을 무는 순간 피가 섞여 다양한 질병을 옮기게 된다. 모기가 각종

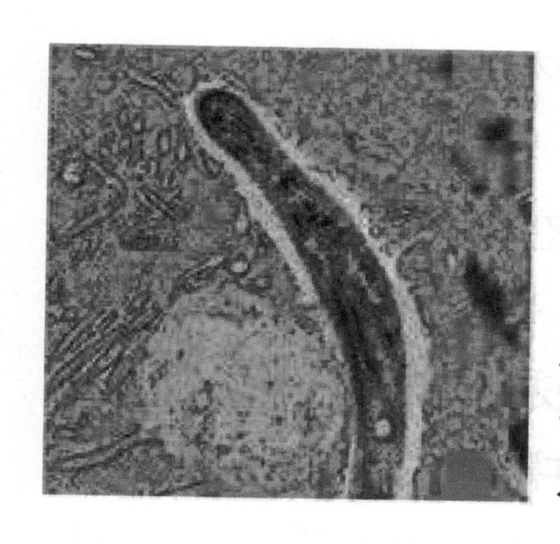

모기 장내에 있는 말라리아 원충. 모기가 피를 빨 때 사람의 몸으로 옮겨온다.

감염병의 매개동물이 되는 것은 그래서다.

특히 치명적인 말라리아, 뎅기열을 옮기는 말라리아 모기, 이집트숲 모기 등 30종의 모기가 골칫거리다. 이중 말라리아는 가장 많은 사상자를 낸다. 국내에서 말라리아는 '학질'로 통한다. 해마다 500~1,000명의 환자가 발생한다. 그나마 다행인 사실은 국내 말라리아는 대체로 독성이 약한 편이어서 제대로 치료하면 완치가 가능하다는 것이다. 하지만 고열, 오한, 두통 같은 증상들이 동반돼 사람을 축 늘어지게 만든다. 지긋지긋하게 달라붙어서 떼어내기 힘든 고생을 흔히 '학질을 뗀다'라고 표현하는 것은 그래서다.

권위 있는 과학전문지인 사이언스에 모기가 오랫동안

모기 청정지역이던 고高지대까지 점차 확산되고 있다는 연구논문이 올해 실렸다. 이는 지구온난화 덕분에 모기가 자신들의 서식지를 확대시킨 결과로 풀이된다. 실제로 요즘은 초겨울에도 모기에 물린다. 따뜻한 아파트의 계단을 따라 올라오는 모기 탓에 여름이 지나도 모기에 물리는 사람들이 수두룩하다.

모기는 귀신같이 사람을 찾는다. 20m 밖에 있는 사람의 냄새를 맡고 날아온다. 2013년 사이언스에 따르면 모기가 사람을 찾아내는 세 가지 방법, 즉 이산화탄소, 땀 냄새, 체온 중에서 이산화탄소 감지 기능이 특히 중요하다. 이산화탄소 추적 유전자를 없앤 모기는 사람을 전혀 탐색하지 못한다는 것이 논문의 결론이다. 이로써 모기의 '아킬레스건' 하나가 밝혀진 셈이다. 모기가 위험한 것은 단순히 피를 빨아서가 아니라 말라리아 원충이나 뎅기열 바이러스 같은 병원체를 인체에 옮길 수 있기 때문이다.

마이크로 니들은 모기침 보고 개발

암컷 모기만 흡혈吸血하는 이유는 무엇일까? 암컷 중에서도 알을 낳은 모기가 자기 몸 안의 모기 알을 먹이기 위해 사람의 피를 빤다. 모기 입장에서 본다면 들키면 '맞아 죽을 것을 각오하고' 침을 꽂는 지극한 모정의 발로이자 생존방식이라고도 볼 수 있다. 들키지 않게 침을 꽂으려면 몇 가지 전략이 필요하다. 우선 침이 가늘어야 한다. 모기침의 굵기는 머리카락의 1/4이다. 현재 가장 가는 주사바늘(32G)의 1/10에 불과하다. 따라서 모기침이 피부를 뚫어도 사람은 거의 통증을 못 느낀다.

모기는 또 흡혈을 돕는 특수물질을 침과 함께 피부에 주입한다. 모기의 침엔 통증을 못 느끼게 하는 마취물질, 이 마취물질이 금방 퍼지게 하는 확산물질, 사람, 동물의 피가 금방 굳지 않게 하는 혈액응고 방지물질, 혈관을 확장해 피가 잘 빨리도록 돕는 혈관확장 물질, 피와 함께 옮겨지는 말라리아 원충이 사람 면역세포의 공격을 받지 않게 하는 면역억제 물질 등이 들어 있다. 모기의 침이 이런 성분들을 갖고 있다는 사실도

모기 침을 모방해 만든 마이크로 니들microneedle.
통증 없이 피부노화 방지제를 피부에 침투시킨다.

놀라운 데 이들은 모기 침 속에 든 20개 물질 중 기능이 알려진 반에 불과 하다. 한마디로 피를 빨기 위한 '첨단무기'들을 시리즈로 갖고 있는 '흡혈 종결자'다.

인간은 이미 이런 모기의 '첨단무기들'을 모방하고 있다. '마이크로 니들micro-needle'은 모기 침을 모방한 수백 개의 주사 다발로, 여기에 피부노화 억제 약을 채워 얼굴을 두들기면 약 성분이 피부를 뚫고 쉽게 들어간다. 화장품처럼 피부에 바르는 것보다는 '마이크로 니들'이 유용한 물질을 피부에 침투시키는 데 훨씬 효과적이다. 또 혈액응고 방지물질은 심장마비의 주된 원인인 혈전(피떡)의 제거제로 이미 병원에서 쓰이고 있다. 모기가 가진 나머지 물질은 무슨 신비의 무기일까? 우리는 적을 너무 모르는 것이 아닐까?

생명 위협할 수 있는 군대 '모기 점호'

모기 대처법으로 우리는 현재 '창'(살충제)으로 죽이거나 '방패'(기피제)로 피하는 방법을 사용한다. 실내에선 살충제, 야외에선 몸에 바르는 모기 기피제를 사용하는 것이 일반적이다.

모기는 어떤 물질을 기피할까? 모기 기피물질을 선정하는 방법도 진화하고 있다. 일반적으론 후보물질을 털이 없는 누드nude 마우스(생쥐)에 바른 후 모기가 몇 마리나 달라붙는가를 측정해 고른다. 최근엔 모기의 이산화탄소 추적 능력을 차단하는 방법이 동원된다. 모기의 후각嗅覺 수용체에 이산화탄소보다 더 강하게 달라붙는 물질이 모기 기피제로 활용되는 것이다. 이 기피제를 피부에 바르면 모기 앞에서 옷을 벗고 서 있어도 모기는 사람이 있는 줄 모른다.

과학자들은 자신들이 발명한 모기 기피제의 효능을 검사하기 위해 모기를 가득 모아놓은 상자에 맨 팔을 집어넣기도 한다. 이런 실험 장면은 보기만 해도 몸이 '근질근질' 가려워지고 예전의 악몽이 되살아난다. 군 훈련소에서 한 여름 밤에 벗은 채로 '얼음땡'이 되는 소위 '모기 회식'의 추억이다. 이 벌칙은 오래 전 군대에서 행해졌던 '얼차려'였다. 모기가 옮기는 병이 얼마나 많고 위험한 데 그런 무식한 행동을 했다니!

말라리아 모기, 태어나서 딱 한번 짝짓기

요즘 미국 플로리다 주의 주민들은 FDA(식품의약청)의 결정을 기다리고 있다. 모기퇴치용으로 개발한 유전자변형 모기를 살포하는 계획을 정부가 강행할 지 주목하고 있는 것이다. 다수의 주민들은 정부의 계획에 반대한다. 유전자변형 모기인 'GM 모기GM, Genetically Modified'의 원리는 간단하다. 모기로 모기를 잡겠다는 이이제이以夷制夷 방법이다. 말라리아를 옮기는 암모기는 태어나서 딱 한번 짝짓기를 한다. 이때 '내시' 수컷 모기와 짝짓기를 하면 불임이 돼 새끼가 태어나지 않는다. 이처럼 수컷의 불임화不姙化를 이용한 해충 방제법은 50년 전부터 현장에서 써 왔다. 다른 해충의 경우는 대개 감마선(방사선의 일종)을 쪼여서 '내시' 수컷을 만들었지만 모기는 너무 작아서 방사선 방법 대신 불임 유전자를 가진 '내시 GM 모기'를 만들어서 살포하겠다는 것이다. 그야말로 씨를 말리는 방법이다. 예비 실험결과 말라리아 감염 모기가 85%나 줄었다. 현재 개발 중인 또 한 종류의 GM 모기는 말라리아 원충 자체를 죽이는 모기다. 2013년 저명한 학술지인 PNAS에 소개된 방법은 말라리아 원충을 죽이는 유전자를 삽입한 GM 세균을 모기 장내腸內에 넣는 것이다. GM 세균을 장내에 지닌 GM 모기는 말라리아 원충이 들어오면 죽여 버린다. 유전자가 변형된 GM 모기를 자연계에 살포하겠다는 미국 정부 방침에 환경 단체들의 반발이 거세다. GM 모기를 풀어 놓으면 더 독한 변종變種 모기가 반드시 생길 것이며 또 이 방법으로 모기를 박멸하면 모기를 먹고 살던 박쥐가 굶어 죽을 것이란 이유에서다. 아직 야생에 GM 생물체를 풀어 놓은 적이 없는 미국 정부의 결정이 주목된다.

열흘에 100마리의 알을 낳고, 여름엔 하루 만에 수십억 마리가 태어나는 모기를 박멸시키기란 쉽지 않다. 또 생태계의 한 축인 모기를 박멸시킬 경우 예상치 못한 부작용이 생길 수 있다. 최선의 방법은 천적을 이용하는 것이다. 모기 장내에 살면서 독소를 만들어 모기를 죽이는, 이른바 킬러 미생물을 대량 생산해 모기 번식지역에 살포하는 방법도 있다. 모기 킬러인 '모기 물고기mosquito fish(탭민노우)'를 적극적으로 이용할 수도 있겠다.

다가오는 여름 휴가철엔 모기를 조심하자. 모기를 유인하는 3가지 인자, 즉 이산화탄소, 땀 냄새, 체온 중에서 땀 냄새는 샤워로 없앨 수 있다. 야외 활동이나 캠핑을 계획한다면 모기 기피제나 긴 소매, 긴 바지로 노출을 최소화 하자. 모기향은 코앞에 놓을 것이 아니

'내시 모기'와 '말라리아 살상 모기'를 만들어 '모기와의 전쟁'을 준비한다.

라 실내 공기의 대류를 감안해 높은 곳에 놓고 방충망을 점검하자. 남부 아프리카, 일부 동 남아 등 말라리아, 뎅기열 위험국가를 여행할 계획이라면 예방주사는 필수다. 해당지역 여행 후 나타나는 고열, 구토 등 감염 증상에도 유의해야 한다.

모기는 수억 년을 살아남은 생존의 '고수'다. '모기와의 전쟁'에서 완벽한 '창'을 준비하는 동안 '방패'를 잘 사용하는 지혜가 필요하다. 모기에게 칼을 빼 든 인간, 과연 벨 수 있을까?

06

수퍼내성균 때려잡을 비책, 미역은 안다는데 …

병원균과의 전쟁

이미 오래 전, 인간과 병원균의 한판 승부는 시작되었다. 콜레라, 흑사병 등의 재앙에서 인류를 구하려는 한 연구자의 꿈은 그리 쉽게 이루어지지 않았다. 토요일 밤 늦게까지 계속된 실험으로 지친 그는 병원균을 기르던 배양 접시를 쓰레기통에 내던지고 자포자기의 심정으로 실험실을 떠났다. 하지만 그는 월요일 아침 놀라운 행운과 마주친다. 쓰레기통 속의 병원균이 어떤 종류인지 알 수 없는 곰팡이에 의해 완벽하게 죽어 있

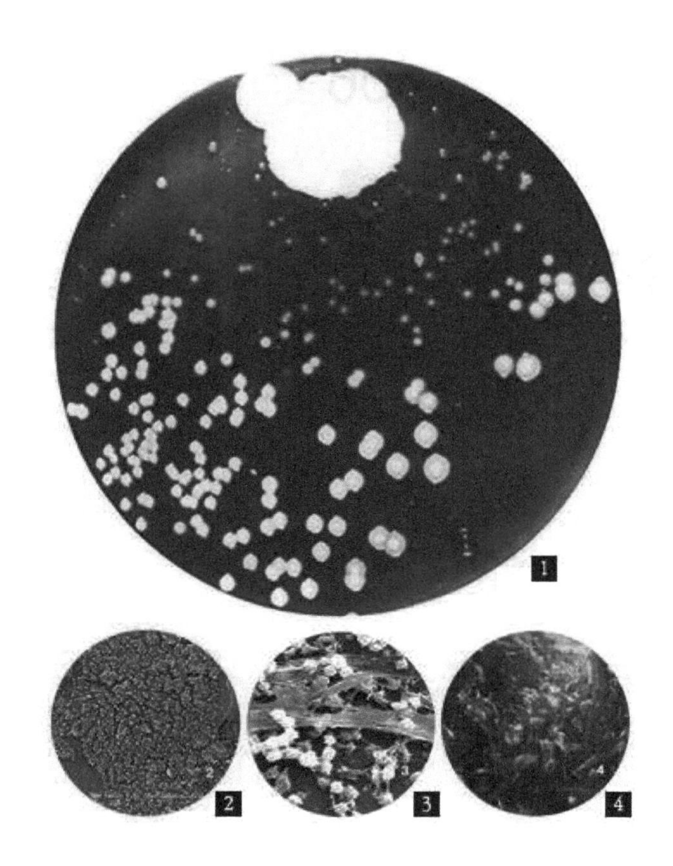

1 플레밍이 발견한 페니실린 생산균이 자라던 배양 접시. 페니실린을 생산하는 곰팡이(상단의 큰 백색)가 우연히 날아들어와 자라면서 분비되는 페니실린 때문에 근처에는 병원균인 포도상구균(하단의 작은 백색들)이 자라지 못한다.

2 MRSA의 현미경 모습. 최근 발견된 수퍼 항생제 내성균 MRSA은 독소를 동시에 뿜어내는 것으로 밝혀졌다.

3 바이오필름bio film 모습. 인체 내에 삽입하는 카테타(금속 수술보조기구)에서 붙어 형성된 포도상구균의 바이오필름 모습.

4 바다의 미역. 미생물의 통신 차단제를 이미 만들고 있었다.

는 것이다. 사상 최초의 항생제인 페니실린 생산균을 발견한 역사적인 순간이다(사진 1). 그 주인공은 알렉산더 플레밍. 2차 세계대전 당시, 플레밍이 발견한 항생제인 페니실린 덕분에 수많은 젊은이가 병원균과의 싸움에서 목숨을 건졌다. 인간과 병원균의 1차 라운드는 이렇게 인간의 일방적인 승리로 끝나는 듯했다. 이렇게 페니실린이 세상 최초의 항생제로 등극한 1928년은 인류가 병원균을 완전히 박멸할 수 있다는 희망을 보인 해다. 하지만 사반세기가 채 지나가기도 전인 1950년에 페니실린 주사에도 죽지 않는 내성균이 다시 나타났다.

병원균의 반격에 깜짝 놀란 인간은 61년 모든 사람의 기대 속에 페니실린 내성균을 타깃으로 하는 강력한 항생제인 메티실린을 만들어낸다. 하지만 채 1년이 지나기 전에 메티실린을 완벽히 분해해 무력화시키는 강력한 항생제 내성균인 MRSAMethicillin Resistant Staphylococcus Aureus균이 그 무시무시한 모습을 드러낸다(사진 2). 인류는 강력한 항생제인 메티실린의 반격을 아주 쉽게 받아친 수퍼내성균MRSA의 등장에 위기의 순간을 맞게 되었다. 병원균들에게 쓸 무기가 없는 것이다.

페니실린으로 1R 승리, 2R 완패, 3R는?

수퍼내성균은 아직도 많은 사상자를 내고 있다. 2012년 미 시카고대학 연구팀의 조사에 의하면 지난 5년간 수퍼내성균 감염 환자 수는 2배 증가했고 이 숫자는 에이즈AIDS나 인플루엔자 바이러스 환자보다 많은 수치였다. 이 통계를 놓고 보면 입원환자 20명 중 한 명은 MRSA 환자라는 것이다. 무엇보다 수퍼내성균 환자는 다른 병원균에 걸린 환자보다 사망 확률이 무려 50% 높다고 한다. 바야흐로 수퍼내성균이 인간의 생명을 위협하는 가장 강력한 병원균으로 등장한 셈이다. 인간과 병원균의 제2라운드에서는 병원균이 인간에게 강력한 펀치를 먹이고 이를 맞은 인간은 그로기 상태로 비틀거리고 있는 셈이다. 수퍼내성균이라는 무시무시한 이름을 가지게 된 포도상구균은 원래 그리 독한 녀석이 아니었다. 즉 수퍼가 아닌 보통의 착한 포도상구균은 사람의 피부에 붙어 더 독한 병원균이 몸에 침투하지 못하도록 자리를 선점하고 있는 공생 파트너다. 물론 이 포도상구균도 피부에 상처가 날 경우 우리 몸에서 피부 염증을 일으키거나 혈액 내에서 감염을 일으키기도 한다.

이 착한 녀석이 문제아가 되기 시작한 이유는 인간의 항생제 과다 사용 때문이다. 병원균이 항생제에 대해 내성이 생기는 방법은 크게 세 가지다. 첫 번째는 병원균 내에 침투한 항생제를 아예 분해시키는 방법, 두 번째는 항생제가 달라붙는 곳을 변화시켜 아예 못 붙게 하는 법 그리고 세 번째로 들어온 항생제를 밖으로 내쫓아 보내는 방법이다. 병원균은 평상 시 빠른 속도로 자라면서 많은 종류의 변종, 즉 유전자가 변한 놈을 만들어낸다. 이 가운데 앞의 세 가지 중 하나에 해당하면 이들은 항생제 공격에서 당당히 살아남는 것이다. 항생제 내성균이 생긴 것이다. 심각한 문제 중의 하나는 항생제를 과다 사용해 높은 농도의 '항생제 펀치'에도 살아남는 병원균이 생겼다는 것이다. 이들은 웬만한 항생제로는 상대가 안 되는 최강자다. 결과적으로 항생제의 과다 사용이 병원균의 맷집만 키워 준 꼴이 된 것이다.

20분 만에 두 배로 늘어나는 수퍼내성균

수퍼내성균이 인류에 등장한 원리도 이와 같다. 메티실린Methicillin은 페니실린 내성균을 잡기 위해 만든 항생제다. 이런 메티실린이라는 항생제 펀치를 맞다가 한 녀석이 살아남은 것이 MRSA, 즉 수퍼내성균이다. 그런데 이해하기 힘든 것은 이놈의 등장 속도다. 불과 1년 만에 메티실린을 분해할 수 있는 괴물이 생긴 것이다. 왜 이 내성균은 인간의 진화에 비해 엄청나게 빠른 속도로 진화하는 것일까? 우선 이놈은 20분 만에 두 배로 늘어난다. 그만큼 돌연변이가 생길 확률이 높다. 사람이 태어나 20년 만에 아이를 낳는 것과는 비교가 안 된다. 두 번째로 내성균이 빨리 생기는 이유는 다른 데서 이미 만들어져 있는 항생제 내성 유전자를 통째로 수입해 오기 때문이다. 즉 '플라스미드'라고 불리는 수송선에 여러 종류의 내성 유전자를 한꺼번에 실어 오고 게다가 다른 종류의 병원균 사이에서도 수시로 주고받는다. 프로야구팀이 자체 내에서 좋은 선수를 오랜 훈련으로 기르는 것보다 스카우트해 오는 것이 훨씬 빠른 것과 같다. 또한 스카우트할 때 4명의 선수를 한꺼번에 받는 경우도 있다. 병원균도 마찬가지다. 실제로 한 대학병원에서 발견된 수퍼내성균에서 네 종류의 항생제에 내성을 일으키는 강력한 변종 유전자가 실려 있는 플라스미드가 발견되었다. 이제 수퍼내성균의 세상이다. 이를 막을 방법을 찾느라 인간 연구자들은 밤을 새운다.

이제 새로운 타입의 항생제를 속히 찾아야 한다. 기존의 항생제, 즉 페니실린처럼 병원균의 세포벽 합성 등을 직접 방해하는 방식이면 오히려 변이주의 종류만 더 늘릴 뿐이다. 미국 제약회사 머크는 두 군데를 동시에 공격하는 '더블타깃'을 개발 중이다. 하지만 이 역시 특정 유전자를 타깃으로 한다는 것은 같다. 즉 낮아진 확률이지만 그래도 이런 항생제에도 내성균이 나올 확률이 있다. 좀 더 업그레이드된 다른 차원의 항생제가 없을까? 최근 병원균 간의 통신을 방해하는 방법이 차세대 항생제로 주목을 받고 있다.

병원균 통신 물질 'AHL'을 공략하라

병원균이 인체의 침입에 성공해 감염시켜서 사망시키려면 첫 번째 피부 같은 장벽을 통과해서 인체 내로 들어와야 한다. 상처를 입거나 수술 후에 감염이 되는 경우에 해당된다. 1단계 장벽인 피부를 통과하면 다음 단계는 인체 면역과의 싸움이다. 철조망을 통과했으니 이제 적진에서 일전을 벌이는 것이다. 병원균의 목표는 인체의 점령이다. 군인들 간의 전투와 같다.

성급히 무작정 달려들면 인체에 비상경보를 발생시켜 인체면역시스템에서 급파된 식균세포나 항체라는 미사일 공격을 받아 병원균은 제대로 된 전투 한 번 벌이지 못하고 괴멸된다. 모든 군사지원이 준비된 상황에서 일제 공격을 해야 침입자인 병원균의 승률을 높인다.

2012년 미국 PNAS 잡지에는 병원균이 인체에 독소를 뿜을 때에는 '상호연락'을 한다는 놀라운 사실을 발표했다. 먼저 침입한 병원균은 끈끈한 물질을 발생시켜 인체 내부의 벽에 필름 형태의 방공호인 바이오필름Bio film을 만든다(사진 3). 이 안에서 일정한 수가 될 때까지 식량을 나누어 먹고 때를 기다린다. 일정 숫자가 만들어지면 상호연락을 통해 '돌격 앞으로!' 명령이 떨어지면 일제히 독소toxin를 내뿜어 인체를 공격한다. 이런 전술은 군대에서도 사용한다. 즉 모든 병력을 공격라인에 집결한 뒤 계산된 시간에 포사격을 실시해 참호 속으로 피할 틈을 주지 않는 소위 TOTTime On Target 공격법이다. 이런 전술을 오래 전부터 병원균이 쓰고 있던 것을 최근에 확인한 것이니 공격전술에서는 병원균이 포병사령관보다 한 수 위인가 보다.

병원균들이 사용하는 통신 방법은 주위에 내 동료가 얼마나 있는가를 서로에게 알려주는 방식이다. 통신 물질의 한 종류는 병원균이 만드는 AHLN-Acyl Homoserine Lactones이다. 즉, 병원균이 많이 모이면 AHL도 높아진다. 어느 농도 이상이 된 AHL이 독소를 생산하는 유전자를 켜게 되면서 독소를 일제히 생산해 공격한다는 것이다. 지피지기면 백전백승. 연구자들은 여기에 착안한 차세대 항생제를 만들려 하고 있다. 병원균이 AHL을 아예 못 만들게 하거나 AHL을 백신처럼 인체에 미리 주사하는 '통신 방해술'이다.

재미있는 것은 인간들이 수퍼내성균을 없애는 방안의 하나로 최근 연구 중인 이런 '통신 방해술'은 이미 자연에서는 널리 쓰이고 있는 방어책이라는 것이다. 하나의 예로 미역을 들 수 있다. 바다에 있는 바위나 구조물에는 여러 생물들이 달라붙어서 두터운 바이오필름이 생성된다. 배 밑바닥에 많은 생물들이 달라붙는 것도 하나의 예다. 이런 것들과는 달리 미역의 잎 표면은 늘 깨끗하게 유지된다는 것이 연구자들의 관심을 끌었다. 바다에 있는 미역, 다시마는 햇볕을 받아야만 광합성을 해서 살아 갈 수 있기 때문에 미생물들이 잎 위에 두터운 바이오필름을 만들면 안 된다. 바다 미생물들은 바이오필름을 만들 때 통신 수단으로 화학물질인 AHL을 만들어 같은 팀을 모은다. 미역은 이걸 필사적으로 저지해야 한다. 이 목적으로 미역들이 바다 미생물 사이의 통신 수단인 AHL 저해제를 미리 만들어내 바다 미생물들이 잎을 덮는 바이오필름을 만들지

참호(바이오필름) 속의 병원균(수퍼 항생제 내성균, MRSA) 사이의 통신을 방해하는 차세대 항생제 기술.

못하도록 한다는 것을 알아냈다. 미역이 '병원균 통신 차단제'라는 새로운 항생제 개발의 아이디어를 준 셈이다(사진 4).

이젠 병원균과의 3라운드를 시작해야 한다. 침입하는 병원균끼리의 소통을 차단하는 원리를 이용해 인체 내에서 활동하지 못하게 하는 것은 한 가지 방편이다.

자연은 답을 알고 있다. 자연이 주는 지혜를 잘 쓰면 된다. 병원균과의 3라운드에서 인류의 한판승을 기원한다.

07

●

바이러스 잡는 건 바이러스 … '이이제이以夷制夷'가 살 길

바이러스와 전쟁

2007년 9월 콩고의 한 마을. 원인을 알 수 없는 괴질이 발생했다. 전염된 사람들은 눈과 귀에 피를 쏟으며 죽어갔다. 환자 264명 중 186명이 숨져 치사율이 무려 71%에 달했다. 후에 괴질의 원인은 에볼라 바이러스로 밝혀졌다. 감염자 대부분은 마을 추장의 장례식에 갔던 사람들이었다. 이들은 죽은 이의 시신을 닦는 전통 장례 의식을 하다 감염됐고 괴질이 사람들에게 빠르게 전파된 것이었다.

그나마 괴질이 더 이상 전파되지 않은 것은 바이러스가 혈액이나 체액을 통해서만 감염되고 공기로는 확산되지 않았기 때문이다. 만약 이 치명적인 바이러스가 공기를 통해 전파되는 인플루엔자, 예를 들면 신종플루 같은 확산력을 가졌다면 어떻게 됐을지 상상만 해도 끔직하다. 인류는 최고의 의학과 과학을 자랑하는 21세기에 살고 있지만 바이러스를 제대로 알고 있는 것일까? 바이러스와의 전쟁에서 이길 수 있을까?

바이러스의 어원은 라틴어의 독virus, 毒인데 반드시 어딘가에 들어가 빌붙을 곳, 즉 숙주host라고 부르는 '동반자'가 있어야만 생존이 가능하다. 하지만 숙주를 바이러스의 '동반자'라고 불러도 될까. 바이러스는 들어가 사는 처지이면서도 주인인 숙주를 때로는 무자비하게 죽이는 킬러에 가깝기 때문이다. 바이러스는 가장 작은 크기의 생물체이다. 바이러스 1,000마리를 길이로 붙여놔도 가는 머리카락의 100분의 1 굵기에 못 미친다. 바이러스는 구조도 간단하다. 단백질로 만들어진 외피 내에 DNA 혹은 RNA 유전자가 들어 있다(사진 1).

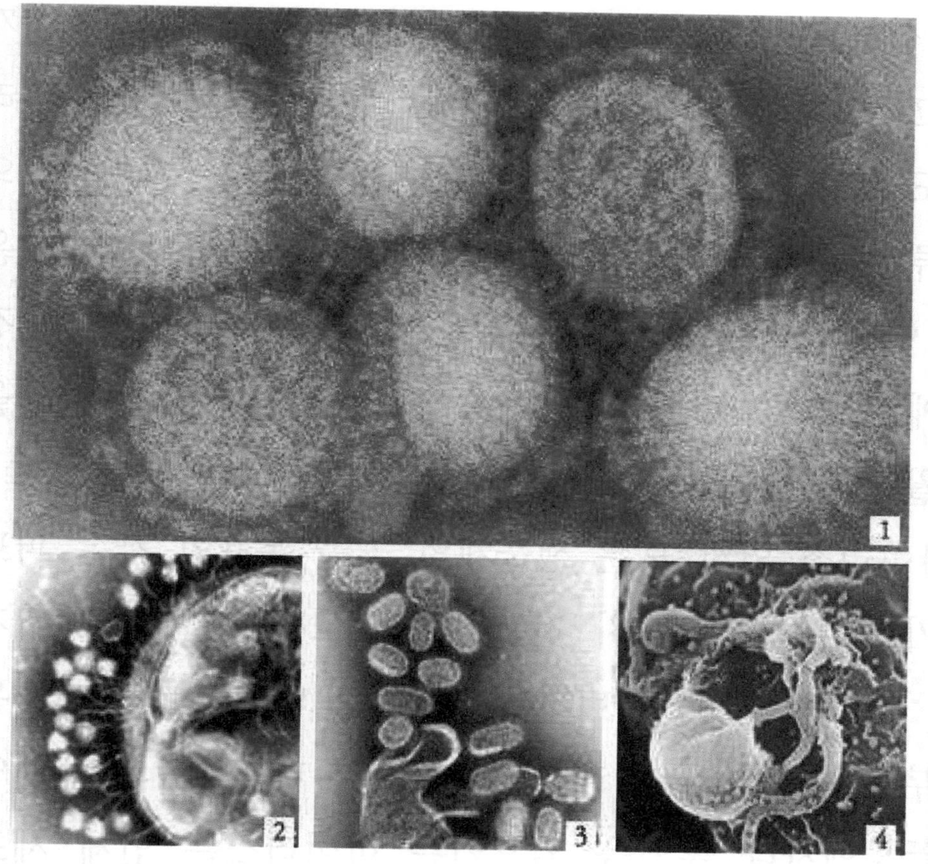

1 인플루엔자 바이러스의 전자 현미경 사진, 외투에 있는 단백질은 H와 N 유전자다.

2 박테리오파지 바이러스(왼쪽)가 숙주인 박테리아(오른쪽)의 표면에 달라붙어 있다.

3 1918년, 5000만 사상자를 낸 스페인 독감의 인플루엔자 바이러스 A(H1N1). 알래스카에 매장된 당시 사망자에게서 바이러스를 분리해 확인했다. 이 바이러스는 2009년 신종플루 때 다시 유행해 전 세계 인구의 10~20%를 감염시켰다.

4 인체 면역세포(적색)를 파괴하고 나오는 에이즈 바이러스(녹색)

사실상 지구상의 모든 생물체에는 바이러스가 들어가 살고 있다 할 수 있다. 바닷물 한 방울에도 2억 마리 정도의 바이러스가 있다. 현재까지 밝혀진 바이러스의 종류는 1,400여 종 정도 있다. 그러나 얼마나 더 많은지 아직 모르고 있다. 수많은 생물체가 살고 있는 정글에 존재할 바이러스의 수와 종류는 우리의 상상을 초월할 것이다.

바이러스 역시 모든 생물체의 공동 목표인 자손 퍼트리기를 위해 두 가지 전략을 가지고 있다. '치고 빠지기' 아니면 '들어가 버티기'다. 치고 빠지는 바이러스는 대부분 숙주가 급성 병을 앓게 만든다. 독감의 원인인 인플루엔자나 홍역을 일으키는 바이러스는 인체 세포에 침입해 자신을 수백 배로 복제한 뒤 세포를 부수고 튀어나와서는 또 다른 세포를 공격한다. 이런 종류는 공격이 끝나면 '잠수'를 타는 악당들처럼 숨어 지내며 또다시 적당한 숙주를 공략할 기회를 노린다.

이런 공격적인 바이러스에 비해 숙주의 몸에 아예 머무르는 바이러스는 급성 질환을 일으키지는 않는다. 바이러스의 입장에서도 숙주가 죽는 것보다 살아 있는 게 생존에 유리하다. 에이즈나 B형 간염 보균자의 바이러스는 일종의 '공존'상태라고 할 수 있다. 바이러스 중에는 '치고 빠질 지' 아니면 '잠시 공존할지'를 결정할 때 숙주의 상황을 고려하는 약삭빠른 놈도 있다. 박테리아만을 공격하는 바이러스인 박테리오파지는 먹을 게 많으면 상대방을 파괴해 순식간에 수를 늘린다(사진 2). 하지만 '동료'가 많아 먹을 게 적을 때는 활동을 자제하고 숙주에 자기 유전자를 삽입시켜 놓고 때를 기다린다. 그러다 '동료'가 줄어들면 기지개를 켜고 숙주 세포를 공격한다. 이렇게 대기할 때 이놈들은 다른 바이러스가 들어오지 못하게 막는다. 자기 먹을 것은 철저히 챙기는 셈이다. 이외에 또 다른 교묘한 전략은 자기 명찰을 만드는 유전자를 바꾸는 일이다.

바이러스 생존법, 치고 빠지기와 버티기

2013년 4월 11일 과학잡지인 '네이처'는 최근 중국에서 발생, 4월 16일 현재 63명 감염자 중 14명 사망자를 낸 조류독감H7N9이 서로 다른 3종의 조류 바이러스가 모자이크처럼 합쳐져 발생한 신종이라는 것을 밝혔다. 이 신종 조류독감이, 바이러스 전문가들에 따르면 2009년 세계 인구의 10~20%를 감염시킨(실제 발병과는 다르다) 신종플루H1N1와 같은 전파력과 2004년 환자 60%의 치사율을 보인 조류독감H5N1의 특징을 동시에 가진 변종은 아닌가?(사진 3) 지켜보는 지구인은 조마조마하다. 이 우려가 현실로 발생할 경우 1957년 200만 사상자를 낸 아시안 독감H2N2이나 1968년 70만 명이 사망한 홍콩독감H3N2 같은 대재앙이 일어 날 수 있다.

인체 면역 시스템은 바이러스를 포착하고 종류를 확인해 내는 기억세포, '항체'인 공격용 단백질, 공격용 세포로 구성돼 있다. 변종은 면역을 해본 기억 세포가 없어 퇴치에 시간이 걸리고 사상자를 만든다. 독감 바이러스의 명찰은 H, N 두 가지다. H는 바이러스가 호흡기 세포에 달라붙을 때, N은 세포를 파괴하고 나올 때 쓰는 유전자다. 현재까지 H가 17종류, N이 9종류가 보고돼 있으니 이론적으로는 두 개의 조합수인 17×9, 즉 153종의 조류독감 변종이 가능하다. 하지만

이러한 다양한 조합 내에서도 H, N 자체가 또다시 H′, N′로 변해 같은 조합에도 여러 변종이 발생한다.

이런 현상은 독감 바이러스 유전자가 '단단한' DNA가 아닌 '허술한' RNA 유전자로 구성돼 변이가 생기는 확률이 다른 바이러스보다 500배 높기 때문이다. 어떻게 서로 다른 유전자를 가진 바이러스끼리 유전자를 섞을 수 있을까? 만남의 장소는 어디인가? 에이즈는 침팬지의 몸에서 만났다(사진 4). 서로 다른 두 종의 원숭이 체내에 있던, 종류가 다른 에이즈 바이러스가 두 원숭이를 잡아먹은 침팬지의 몸속에서 혼합되었다는 것이고 그 후 인간과 접촉, 전파되었다는 것이 유전자 추적 결과 확인되었다. 이렇듯 야생동물은 모든 바이러스의 주요 은신처이고 혼합기이며 확산의 주역인 것이다.

인간이 기르는 가축화된 동물도 바이러스 통로 역할을 한다. 예를 들면 농가에서 사람들이 조류 바이러스에 감염된 닭이나 오리 등을 접촉한 경우 등이다. 아무래도 가축들은 야생동물에게서 직접 감염되는 것보다도 훨씬 더 인간과 접촉빈도가 높기 때문이다. 생활이 현대화됨에 따라 가축화된 동물들은 대형으로 사육되고 사람들도 도시 등 군락을 이루어 모여 살게 되었다. 이러한 환경은 사람 사이에 퍼지는 바이러스에겐 최적의 확산 조건이 아닐 수 없다. 서울에서 파리로 날아가는 비행기나 여러 사람이 모여드는 공항은 한나절이면 바이러스를 먼 거리로 확산시키는 허브가 되는 셈이다. 브라질의 아마존 등 광활한 밀림이 개발이란 이름으로 잘려 나가면서 그곳에 있던 야생동물, 그리고 태곳적부터 평화로이 지내던 바이러스가 뛰쳐나와 바깥세상의 인간에게 옮겨온 것이 재앙의 시작인 것이다. 결국 인간에 대한 바이러스의 위협은 인간의 환경 개발 혹은 파괴의 반대급부라고도 할 수 있다.

바이러스 위협은 환경 개발, 파괴 대가

인간은 불가피하게 바이러스와 오랫동안 같이 지내왔다. 미국 성인의 30%는 인간 유두종HPV 바이러스에 '감염'돼 있지만 극히 예외적으로 자궁경부암을 일으키는 것을 제외하면 감염 자체를 모를 만큼 특별 증상이 없다. '순한 바이러스'는 때로 인간에게 많은 도움을 주기도 한다. 예를 들어 20세기 3억~5억 인구가 사망한 천연두 바이러스의 치료제인 천연두 백신은 천연두와 유사한 '소의 천연두'인 우두 바이러스 덕분에 만들 수 있었다. 바이러스로 바이러스를 치료한 셈이니 '적으로 적을 죽인다'는 이이제이以夷制夷 전략이라 할 수도 있다.

그 밖에 요즘은 바이러스를 약화시키거나(홍역 백신), 죽인 바이러스(독감 백신)나 바이러스의 일부(B형 간염 백신)를 백신으로 사용한다. 인간에게 아군이 되어 해로운 병균을 선별적으로 공격하는 '착한 바이러스'도 있다. 예를 들면 가축의 대장 질병 균인 살모넬라균만을 공격하는 박테리오파지를 만들어 사료에 공급하면 대장 내 유해균만을 제거해 사료에 항생제를 굳이 사용하지 않아도 된다. 또 바다에서 발생하는 적조는 적색 미세조류가 갑자기 늘어나 발생하는데 최근 이 미세조류만을 죽이는 적조바이러스가 발견됐다. 이를 대량으로 배양해 적조지역에 살포한다면 현재의 적조 퇴치법보다는 훨씬 더 효과적일 것이다. 이 역시 바이러

스를 천적으로 이용한 셈이다. 또 최근에는 암세포에만 침투하는 바이러스로 암을 치료하는 연구가 성과를 보이고 있다. 인간의 천연두 바이러스와 유사한 소의 우두 바이러스가 인체에 해를 끼치지 않고 침입을 잘하는 특성을 이용한 것이다. 우두 바이러스에 암 치료 유전자를 넣어 인체에 주사하며 면역 문제 없이 암세포만 공격해 파괴할 수 있다는 게 최근 국내 연구진에 의해 발견됐다. 천연두 백신을 알려준 '착한 바이러스'에 암세포 공격용 무기를 탑재한 셈이다. 이런 내용은 과학 잡지인 '네이처'에 실렸다.

지금 인간은 바이러스와의 일전을 준비하고 있다. 하지만 인간은 바이러스를 완전히 없앨 수 없다. 아니 그럴 필요도 없다. 대신 지구에 존재하는 대등한 생물체로 대접하고 공존할 수 있는 지혜를 열어야 한다. 바이러스로 바이러스를 치료하는 것과 같은 방법을 연구해야 한다.

Biotechnology

Chapter 2
불로장생의 기술

'잠의 신, 히프노스'(1874년, 존 윌리엄 워터하우스), 깊은 잠을 잘 수 있도록 그의 동굴 침실엔 빛도 소리도 없다.

01

●

숙면은 불로초,
세상 모르고 자야 몸이 젊어진다

수면의 신비

"동창이 밝았느냐, 노고지리 우지진다. 소치는 아이는 상기 아니 일었느냐. 재 너머 사래 긴 밭을 언제 갈려 하느냐."

조선 숙종 때 영의정을 지낸 약천藥泉 남구만南九萬(1711년)이 동해 유배지에서 지은 시조다. 새벽에 일찍 잠이 깬 노인의 잔걱정들을 담고 있다. 당시 남구만의 나이는 61세. 소를 돌보는 아이는 깊은 잠에 빠져 있을 시각에 나이 든 그는 왜 잠에서 깨어 있었을까?

비단 그만의 얘기가 아니다. 필자가 어쩌다 소변이 마려워 새벽에 깨면 집안 어르신은 두꺼운 안경을 끼고 신문을 보고 계셨다. 기력이 떨어지는 노년에 잠이라도 푹 자야 할 텐데 나이 들면 오히려 잠이 줄어든다. 노인들의 조각난 잠은 뇌에 치명타를 가해 치매를 유발하는 것으로 밝혀졌다. 국내 성인 두 명 중 한 명은 잠을 충분히 자지 못한다. 청소년도 수면 부족으로 두뇌 집중력에 노란불이 켜졌다. 우울증 환자의 90%는 불면에 시달리며, 그들의 평생 소원이 숙면이다.

최근 이들의 귀가 솔깃할 만한 연구 결과가 나왔다. 학자들이 뇌 수면 스위치의 정확한 위치를 찾아낸 것이다. 실제로 그곳에 신호를 보냈더니 금방 곯아떨어졌다. 이제 불면증의 악몽에서 해방될 수 있을 것인가? 잠을 잘 자면 몸이 시간을 거슬러 젊어진다는 연구 결과도 나왔다. 이제 잠 좀 제대로 자 보자.

깊거나 얕은 수면 사이클 밤새 반복

밤손님들의 활동시간은 오전 2~4시 사이다. 사람들이 깊은 잠에 빠지는 시간이 잠든 지 2시간 이후란 과학적 데이터 정도는 밤손님들도 잘 알고 있다. 잠이 들면 4단계의 수면 과정을 거친다. 각 단계에 따라 뇌의 활동 패턴이 달라진다. 깊은 잠과 얕은 잠이 밤새 4~5번 정도 반복된다. 가장 얕은 잠 상태에선 눈동자가 '휙휙' 돌아가고 뇌는 거의 깨어 있다. 이 같은 소위 렘REM : Rapid Eye Movement 수면이 자는 동안 4~5회 반복된다. 꿈의 대부분은 이때 꾸며 이 시간대에 꾸는 꿈이 뇌를 자극해 뇌 발달을 돕는다.

어릴 때는 꿈을 많이 꿔야 '쑥쑥' 잘 큰다. 필자는 어릴 적에 동전을 줍는 꿈을 자주 꿨다. 길가에 널려 있는 동전을 양손에 가득 주워 동네 아이스케이크 가게로 달려가는 순간에 꿈에서 깨곤 했다. 깨어서 비어 있는 손을 바라볼 때의 허탈감이 지금도 생생하다. 물론 동네 개에게 쫓기는 꿈도 자주 꿨다. 이때는 움직이지 않는 다리 탓에 대개 허우적거리다가 깬다. 얕은 REM 수면 상태에서 뇌는 거의 깨어 있지만 근육은 역

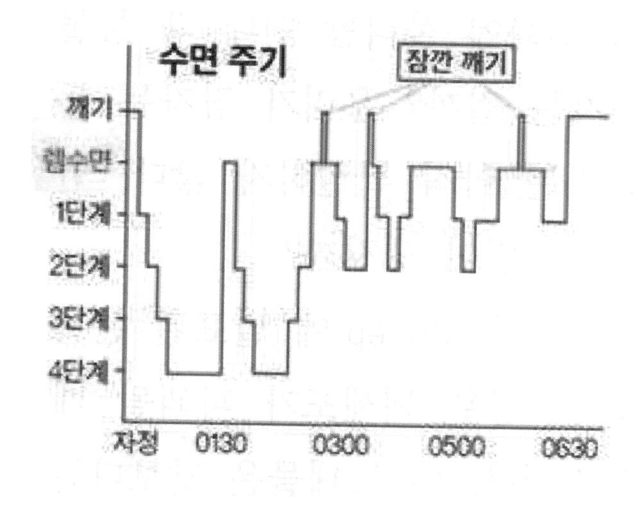

인간의 수면 사이클은 하룻밤 새 4단계가 반복된다.

설적으로 완전 마비 상태다. 그래서 꿈에 귀신이 쫓아와도 팔다리가 안 움직여 공포의 시간을 경험한다. 만약 꿈을 꾸는 동안 팔다리가 움직인다면 침대에서 굴러 떨어져 머리가 깨질 수도 있으니 그나마 천만다행이다. 실제로 꿈을 꾸면서 옆 사람을 칠 정도로 손발이 과도하게 움직인다면 병원 검사가 필요하다.

필자는 어릴 적에 동네 어른들을 따라 참새 잡기에 자주 나섰다. 밤늦은 시간, 초가지붕의 처마 밑을 플래시로 비춘 뒤 그곳에 잠들어 있던 참새들을 손으로 잡았다. 새를 포함한 동물들도 잠을 잔다. 잠을 잔다는 것은 처마 밑의 참새처럼 결코 안전한 상황이 아니다. 모든 감각이 잠들고 근육도 마비 상태여서 적의 공격에 속수무책이다. 당연히 진화에 불리할 텐데 왜 동물을 포함한 사람은 잠을 자는 걸까? 우리가 잠자는 동안 뇌가 어떤 일을 하는가는 아직 확실하지 않다. 만약 잠을 자지 않는다면 무슨 일이 생길까?

최근 미국 수면의학회지인 '슬립Sleep'에 발표된 논문에 따르면 잠을 자지 않을 경우 뇌세포가 파괴될 때 나타나는 물질이 뇌에 축적된다. 이 노폐물은 낮보다는 밤에 10배나 빨리 청소된다. 결국 뇌 회로에서 낮 동안의 모든 작업의 흔적을 리셋reset시키는 청소작업이 지금껏 알려진 수면의 역할 중 하나다.

PC도 임시 메모리 공간이 꽉 차면 비워 줘야 다음 작업을 할 수 있는 것처럼 뇌도 임시 메모리 부분에 있던 하루 동안의 내용을 기억 저장공간에 옮기는 청소작업이 필요하다. 잠을 못 자는 사람은 따라서 뇌세포에 찌꺼기 독성물질이 가득 차 있다고 볼 수 있다. 시한폭탄을 몸에 안고 사는 셈이다.

"낮잠은 건강에 해롭다"는 연구 결과도

고문 중에서도 가장 악랄한 것이 잠 안 재우기다. 눈꺼풀에 테이프를 붙이고 강한 빛을 눈에 쬐면 어떤 사람도 2~3일을 못 버틴다. 주야 교대를 하거나 시차를 자주 겪는 간호사, 항공기 승무원의 경우 장기적인 수면 불균형이 생기면 심각한 건강 문제가 발생한다.

하루 수면시간이 5시간도 채 안 되는 성인의 경우 비만, 당뇨병, 심혈관 질환, 기억력 저하가 동반되기 쉽다. 건강을 해치는 주요인이 운동 부족(74%)과 수면 불량(49%)이란 연구 결과도 국내에서(서울대 박소현 씨 박사학위 논문) 발표됐다. 사람마다 개인차는 있지만 미국 국립보건원NIH이 권하는 성인의 평균 수면시간은 6~8시간이다. 아인슈타인과 처칠은 하루 4시간만 자도 문제없다고 했다. 하지만 22년간 2만 명을 대 상으로 실시한 연구에선 수면시간이 7시간 이하이면 일찍 죽을 확률이 23.5% 높아지는 것으로 나타났다. 반대로 8시간 이상 자도 조기 사망률이 20.5%나 높아진다. 적당한 시간만큼만 자야 건강하다는 것이 이 연구의 결론이다.

낮잠을 자는 것이 건강에 이로운지에 대한 연구 결과는 들쭉날쭉하다. 올해 미국 '역학학회Epidemiology'에 보고된 연구 결과는 낮잠이 건강에 해로울 수 있음을 보여 준다. 13년간 1만 3,000명을 관찰한 결과로 매일 한 시간 미만 낮잠을 자면 14%, 한 시간 이상 자면 무려 32%나 사망률이 높은 것이 확인됐다. 몸이 약해져 낮잠을 자는 것인지는 분명하지 않지만 나이가 들어 낮잠을 많이 자면 일단 건강에 적색 신호등이 켜졌다는 신호다. 평생 건강하게 지내려면 잠을 제 시간에 푹 자야 한다는 의미다. 눕자마자 자는 사람도 있지만 국내 성인의 절반은 잠을 쉽게 청하지 못하고 또 잠을 설친다.

인도의 민족운동가인 간디는 금방 잠이 드는 사람으로 유명했다. 그의 수행원들은 그가 잠을 자겠다고 누우면 채 1분도 안 돼 곯아떨어지는 것을 잘 알고 있었다. 필자의 한 지인도 머리를 대자마자 코를 골기 시작한다. 그와 함께 잠을 잘 때는 "내가 먼저 잘 테니 잠깐 기다리라"고 부탁해야 할 정도다.

불면증 환자는 이런 사람들이 너무 부럽다. 잠에 금

조각난 잠은 건강에 큰 부담을 주는 요인이다.

방 빠지려면 두 가지 조건이 맞아떨어져야 한다. 지금은 밤이 이슥하니 잠을 잘 시간이란 사실을 알려 주는 생체시계와 잠이 들게 만드는 일정량의 피로다. 생체시계는 태양빛을 기준으로 맞춰진다. 우리 몸은 주변에 빛이 많으면 낮으로 인식해 활발하게 움직이려 든다. 반대로 빛이 없으면 밤이라고 여겨 멜라토닌 같은 수면호르몬을 분비시키고 활동을 멈춘다. 문제는 '적당하게 쌓인 피로'다.

낮의 활동으로 뇌엔 조금씩 피로물질이 쌓여 간다.

피로물질이 최대가 됐을 때 축적된 '피로'압력으로 '수면 스위치'가 '찰칵' 켜진다. 수면 스위치가 켜지면 뇌세포를 잠재우는 물질이 분비돼 바로 곯아떨어진다. 잠자는 동안 뇌의 피로물질 탱크는 깨끗이 비워진다. 24시간 주기로 이런 사이클이 반복된다.

미국 하버드대학 연구팀이 '네이처 뉴로사이언스 Nature Neuroscience' 올 8월호에 발표한 논문에 따르면 사람의 수면 스위치가 위치한 곳은 뇌간腦幹 주변이다. 이 부위를 자극하면 가바GABA란 화학물질이 방출돼 잠에 떨어진다. 이 '스위치'가 있는 곳은 호흡, 혈압, 맥박 등 생존에 필요한 기능을 조절하는 부위다. 이는 수면이 생명과 직결된다는 간접 증거도 된다. 만약 새로 발견된 수면 스위치만을 족집게처럼 작동시키는 수면제라면 뇌세포 전체를 마비시키는 기존 수면제와는 달리 부작용이 훨씬 덜할 것이다.

인간 수명 연구에 흔히 쓰이는 초파리Fruit Fly도 나이가 들면 잠에서 자주 깨고 새벽에 서성인다. 우주탐사선을 먼 목성까지 보내는 인간이 초파리와 같은 신세라니 조금은 당황스럽다. 하지만 초파리 덕분에 잠을

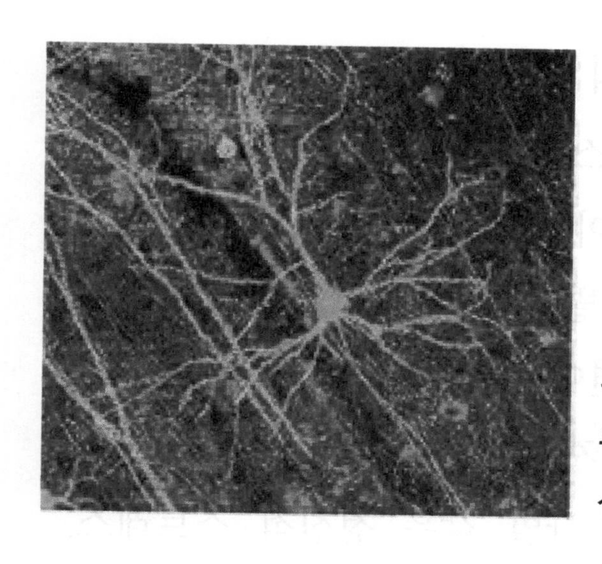

뇌세포(녹색)와 수면 유도물질GABA을 생산하는 세포(적색).

푹 잘 수 있는 물질을 찾아냈다. 올해 독일연구팀이 '플로스 바이올로지PLOS Biology'에 발표한 논문에 따르면 노인의 잠이 조각조각 나는 것은 음식물 대사 과정에서 발생하는 인슐린 신호가 강해지기 때문이다. 이를 줄이는 알약rapamycin을 초파리에게 먹였더니 잠이 조각나지 않고 밤새 숙면을 취했다. 게다가 시간을 거슬러 몸이 젊어지기까지 했다고 한다. 현대판 '진시황의 불로초'를 수면 연구에서 발견한 셈이다. 초파리의 수면 유전자를 사람도 갖고 있다. 그렇다면 우리도 밤에 깨지 않고 푹 잘 날이 멀지 않았다. 이런 알약을 먹기가 거슬린다면 잠자는 기술을 배우자.

골퍼의 루틴처럼 나만의 수면습관 필요

미국 시애틀의 관광 코스엔 항구의 한 집이 포함돼 있다. '시애틀의 잠 못 이루는 밤'(1993년, 미국)이란 영화를 촬영한 장소다. 사별한 아내를 그리워하며 매일 잠을 못 자는 아빠의 사연이 어린 아들을 통해 라디오 전파를 타고 전국에 알려져 드디어 새로운 여인을 만난다는 줄거리다. 가족의 사별 같은 정신적 스트레스, 커피, 녹차, 콜라 등 카페인, 스마트폰의 청색 불빛 등은 뇌를 각성시켜 수면 스위치가 잘 켜지지 않도록 한다. 이는 모두 '잠 못 이루는 밤'이 되게 하는 요인들이다. 술은 수면 스위치는 켜지만 자는 도중 몸을 깨우는 역효과가 있다.

결국 자기 전에 뇌를 가라앉히되 수면 스위치가 켜질 만큼 뇌에 피로물질이 적절히 쌓여 있어야 숙면을 취할 수 있다. 가장 효과적인 방법은 낮에 햇빛을 보면서 몸을 움직이는 것이다. 햇빛은 뇌의 생체시계를 유지시켜 밤낮의 사이클을 정상 작동하게 하고, 몸을 움직여 생긴 물리적 피로는 스위치를 켜는 데 필수적이다.

잠을 자는 기술의 핵심은 잠자는 행동의 습관화다.

일류 골프선수는 타석에 올라 '후다닥' 공을 쳐 버리지 않는다. 먼저 목표를 흘끗 쳐다보고 고개를 한 번 흔드는 등 나름 '의식'을 하나하나 치른 뒤 스윙을 한다. 이런 행동은 반복 연습을 통해 체득되며 경기에 잘 적응하도록 스스로를 준비시키는 과정이다. 잠도 마찬가지다. 매일 같은 순서로, 같은 장소에서, 같은 기분으로 잠들면 뇌 속에 그 과정이 각인돼 쉽게 잠이 든다.

프랑스의 계몽주의 철학자 볼테르는 저서인 『인간론』에서 "신은 여러 가지 근심의 보상으로, 우리에게 희망과 수면을 줬다"고 말했다. 세상일은 점점 복잡해지고 근심도 많아지지만 뇌는 예전 인간 그대로다. 따라서 예전 방식대로 사는 것, 즉 낮에 움직이고 밤에 숙면하는 '주동야숙晝動夜宿'이 건강 장수의 지름길이다.

02

●

보신과 망신 사이 음주 경계, WHO 기준은 '소주 반병'

알코올중독 회로

지난달 11일 오전 11시 55분. 미국 캘리포니아주州 마린 카운티의 911센터 응급요원이 집에 도착했을 때 이미 그는 이 세상 사람이 아니었다. 'Carpe Diem(오늘을 잡아라)', 즉 '지금 이 시간을 즐겨라'라는 명대사로 청소년들에게 지금의 중요함과 꿈을 심어줬던 1990년 영화 '죽은 시인의 사회'의 주연 배우 로빈 윌리엄스는 그렇게 자살로 생을 마감했다. 1998년 영화 '패치아담스'에서 웃음으로 환자를 치료하는 의사였던

프랑스의 화가 앙리 드 툴루즈로트렉의 작품
'숙취'(1888년)

그다. 그는 스크린 속에선 웃고 있었지만 현실에선 내면의 악마와 싸우고 있었는지 모른다. 30년 동안 그를 괴롭힌 악마는 다름 아닌 '알코올'이었다. 청년시절 시작된 알코올과의 인연은 중독으로 발전했다. 그 후 수차례 재활센터를 들락거려야 했다.

'알코올 중독자'라고 하면 떠오르는 모습은 소주병을 끼고 살거나 취해서 길거리에서 잠든 술주정뱅이다. 그러나 전문가의 진단은 다르다. 술 취해 횡설수설하다가 아침이면 자기는 절대 중독이 아니라고 외치는 남성, 낮에 몰래 한잔하고 저녁이면 멀쩡해지는 주부, 이들이 모두 알코올 중독의 초기 환자라고 본다. 저녁이면 술 한 잔 생각이 나고 1주일에 한 두 번은 친구들과 소주를 나누는 필자도 어쩌면 알코올 중독의 문을 두들기고 있는 상태일지도 모른다.

더구나 우리 집안 어르신들이 모두 술 때문에 돌아가셨다. 아버지가 말술이면 아들이 대물림할 확률이 4배나 높다고 하니 걱정이다. 소주 반병의 저녁반주도 이젠 망설여진다. 그나마 조금 위안을 삼는 것은 하루 소주 반병가량의 음주는 건강이나 중독에 큰 문제가 없다는 세계보건기구WHO의 견해다.

주사를 '무용담'으로 용인하는 풍토 문제

전문가들은 중독의 위험성을 무얼 보고 판단할까? 답은 간단명료하다. 판단 기준은 술을 마시는 이유에 있다.

작은 키가 콤플렉스였던 필자의 지인은 키 생각이 날 때마다 한잔씩 했다. 한잔하면 일단 키를 잊을 수 있었다. 홀로 마시는 횟수가 점차 늘었다.

평소 주량이 소주 한 병이던 그 친구가 한 자리에서

세 병을 비운다고 하더니 어느 날 회사를 그만뒀다. 술자리에서 '키'를 언급한 상사를 넥타이 채로 잡아 팽개친 것이다. 그 친구는 술을 분풀이로 마셔왔던 셈이다. 중국의 작가 린위탕林語堂은 저서 '생활의 발견'에서 '애주가에겐 정서가 가장 귀중한 것'이라고 말했다.

친구들과 어울리는 떠들썩한 자리에서 적당량의 '사회적 음주'는 살아가는 즐거움의 하나다. 하지만 '현실을 잊으려고 퍼 마시는 폭주'는 중독의 첫째 요건이다. 즉 개인문제를 술로 해결하려는 사람이 중독 위험이 높다.

중독의 둘째 요건은 술 마시기에 대한 사회분위기다. 술 마시고 벌어진 추태를 '무용담'으로 받아들이는 등 술에 관대한 우리 사회는 중독의 두 번째 허들을 쉽게 넘게 한다.

세 번째 요건은 각자의 유전자다. 특이한 숙취 분해 유전자를 갖고 있으면 알코올 중독이 되기 쉽다. 만약 이 세 가지를 모두 갖췄다면 외줄타기를 하는 심정으로 늘 자기를 돌아봐야 한다.

술로 인한 사망, 고혈압, 담배 이어 3위

알코올 중독의 4단계는 (1) 자주 마시기 (2) 가끔 필름 끊기기 (3) 시작 하면 발동 걸리기 (4) 술 끼고 살기다. 1단계는, 한국의 직장인이라면 쉽게 들어선다. "술을 못하면 등신等神이요, 적당히 하면 보신補身이요, 지나치면 망신亡身"이란 농담엔 '남자가 술은 조금 해야지'라는 사회적 압력이 내포돼 있다. 술로 인한 실수는 2, 3단계에서 주로 나타난다. 술을 마시다가 절제의 끈이 끊어지면 큰 낭패와 망신을 겪을 수 있다. 상사를 넥타이 채로 잡아챈 내 친구의 경우 꾹꾹 누르고 절제해 왔던 분노가 소주 3병에 튀어나온 셈이다.

알코올은 뇌 활동을 조절하는 신호물질을 증가 혹은 감소시킨다. 도파민, 세로토닌의 분비를 늘려서 연애할 때처럼 공연히 '흥얼흥얼' 콧노래가 나오게 한다. 하늘이 돈짝만 해지고 귀갓길에 뜬금없이 장미 열 송이를 사가 돈 낭비했다며 집사람에게 '구박'을 받기도 한다. 이렇게 기분이 좋은 상태는 소주 1병, 즉 혈중 알코올 0.1%까지다.

이 정도를 넘어서면 알코올은 몸을 휘청거리게 한다.

글루타메이트, 가바GABA 같은 신경전달물질의 정교한 밸런스가 깨져 두뇌가 일을 못하도록 방해한다. 그 결과 학습과 기억 장애가 일어난다. 또 근육의 움직임이 둔해져 혀가 꼬이고 다리가 풀린다. 심하면 '땅이 얼굴로 올라온다!'라고 외치며 넘어진다.

특히 억제성 신경전달물질인 가바는 뇌의 '중앙통제장치'이다. 술이 '술술' 넘어가서 혈중 농도가 0.2%를 넘어서면 알코올이 우리 몸의 통제실 스위치를 내려버려 뇌가 마취된다. 평소엔 이성으로 조절되던 성욕억제 스위치도 내려진다. 젊은 커플은 새 식구가 생기는 '연애사고'를 치지만 중년에선 가정이 위태로워지는 '불륜사건'이 생기기도 한다. 마취된 뇌는 몸의 반응시간도 늦춘다. 소주 한 병이면 몸의 반응시간이 0.2초 늦어진다. 이에 따라 자동차의 제동거리는 두 배나 늘어난다. 정신이 멀쩡한 것 같아도 운전대를 잡았다간 사고가 날 수 밖에 없다.

보신과 망신의 경계점은 WHO '적정음주', 즉, 남성 기준(여성은 절반. 임신 여성은 금주)으로 맥주 2캔, 와인 0.4병, 소주 반병 그리고 위스키 3잔까지다. 술을

술을 보신補身의 단계에 머물도록 하는 것이 현명하다.

자주 마시는 1, 2단계를 넘어 3, 4단계에 들어서면 망신의 단계를 넘어서 목숨이 왔다 갔다 하는 사신死神이 된다. WHO가 지난 20년간 사망, 장애의 발생 원인을 조사해 보니 고혈압, 흡연에 이어 알코올이 3위를 차지했다. 또 살인의 42%, 교통사고의 30%, 응급 입원 환자의 11%가 술이 원인이었다.

알코올 분해 유전자, 유럽보다 한, 중, 일 강력

국내 20세 이상 성인의 63%가 술을 마신다. 10.9%가 중독 위험군群, 4.2%가 알코올 중독자다. 이는 미국, 일본보다 높은 비율이다. 음주량 세계 13위, 소주 포함 독주 소비량 10년 연속 1위와 무관하지 않다. 한국인 이 특별히 술에 센 DNA(유전자)를 가진 것일까?

알코올 중독의 세 번째 요건, 즉 유전자의 영향은 50% 정도다. 유전자는 알코올 중독자가 되는데 사회문화적 요인보다 영향을 더 많이 미친다. 아버지가 주정뱅이이면 그 아들이 설사 정상인 양아버지 밑에서 자라도 주정뱅이가 되기 쉽다. 알코올은 알코올 분해 유전자에 의해 숙취물질(아세트알데히드)로 분해되고 숙취물질은 숙취분해 유전자에 의해 물로 변한다. 알코올 중독에 빠지기 쉬운 유형은 남들보다 숙취 물질이 훨씬 덜 생겨서 다음 날 술을 또 마시려는 사람이다. 술을 잘 못 마시는 여성의 경우 알코올의 분해속도가 느려서 술에 장시간 취해 있다. 하지만 이 여성의 숙취분해 유전자가 강하다면 다음날 머리가 멀쩡해서 또 술을 찾게 된다. 그만큼 중독 위험성이 높다.

동아시아인, 특히 한국, 일본, 중국인은 알코올 분해 유전자가 유럽인보다 강하지만 숙취물질 분해 유전자는 상대적으로 약한 편이다. 따라서 음주량은 유럽인

이상으로 많지만 다음 날 숙취로 고생하기 때문에 그나마 알코올 중독자가 유럽의 반에 그친다.

지나친 음주 탓에 한국인의 간암 사망자 비율은 경제개발협력기구OECD 내 1위다. 간 질환은 국내 남성 사망률 3위다. 알코올은 WHO의 1급 발암물질이다. 또 '만성 자살병'을 일으키는 '법적 허용 마약'이다.

음주→심적 안정→중독회로 강화 '악순환'

'어린 왕자'가 별에서 주정뱅이에게 이야기한다. "왜 술을 마셔요? 잊으려고. 무엇을 잊으려고요? 부끄러움을 잊으려고. 왜 부끄러운데요? 술을 마신다는 것이."

프랑스의 소설가 생텍쥐페리의 '어린 왕자'에 나오는 얘기다. 알코올 중독의 전형적인 악순환 패턴이다. 마시면 슬픈 기분이 금방 사라지는 '보상'이 반복되면 뇌의 '보상심리'회로, 즉 중독회로가 점점 튼튼해진다. 올해 7월 권위 있는 과학 전문지 '네이처Nature'지에 실린 논문에 따르면 반복된 뇌의 전기 자극은 실제로 그 지역의 신경세포(뉴런) 사이의 연결고리(시냅스)를 점점

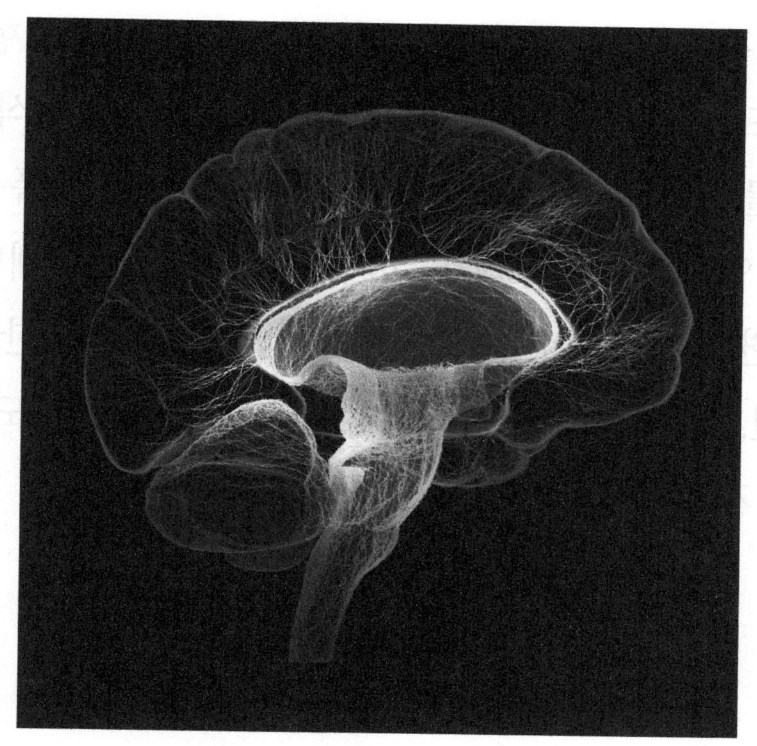

뇌의 신경연결도. 한잔의 음주로 기분이 좋아지는 '보상'회로가 견고해지면 알코올 중독에 빠지기 쉽다.

많이, 강하게 만든다. '세 살 버릇 여든 가는 이유'가 눈으로 확인된 셈이다.

한번 완성된 알코올 중독 회로는 뿌리가 깊다. 10년간의 음주 생활을 청산하고 20년간 잘 버텨왔던 로빈 윌리엄스도 우연히 찾은 한 가게에서 마신 '잭 다니엘' 위스키 한잔으로 다시 폭음이 시작됐다고 고백했다. 끊은 것이 아니고 참고 있었던 것이다.

폭탄주는 '빨리, 같이 취하자'는 한국형 폭음 형태다. 다행히도 최근엔 대기업을 중심으로 폭탄주 회식 대신 음악회를 가는 일도 늘어났다고 한다. 강요된 폭음으로 인한 개인의 건강 악화와 국가 GNP의 4%에 해당하는 음주관련 손실은 이제 없어지거나 최소화해야 한다. 술을 사신, 망신 이전의 보신補身 수준에만 머물도록 하는 사회가 선진국이다.

03

●

인디언 정복한 백인, 그 백인을 정복한 인디언 담배

두 얼굴의 담배

"흡연도 유전이 되는 가?"라고 묻는 지인의 표정이 굳어있다. 골초로 유명한 영국의 처칠이나 중국의 마오쩌둥毛澤東도 91세, 83세까지 장수했다는 기록을 보물단지처럼 갖고 다니던 애연가愛煙家의 표정이 꽤나 심각하다. 고등학생 아들의 가방에서 담배를 발견한 것이다. 본인은 일찍 담배를 배웠으면서도 아들은 흡연을 시작하지 않았으면 해서 초등생 아들에게 나름 '충격요법'을 써서 성공했다고 믿던 그였다.

인디언들이 유럽 정복자들에게 평화의 상징인
파이프 담배를 권하고 있다(1621년).

충격요법은 이랬다. 먼저 실험용 생쥐를 물속에서 헤엄치게 했다. 보통 쥐는 물에서 한참을 떠 있는 반면, 담배연기를 맡고 수영을 하던 놈은 몇 초를 견디지 못하고 허우적거리더니 꼬르륵 꼬르륵 가라앉고 말았다. 그 생생한 광경에 놀란 초등생 아들은 '나는 절대 담배 안 피우겠다'고 스스로 맹세했다는 것이다. 그런 아들이 고등학생이 되자 보란 듯이 담배를 시작했으니 "애비가 담배를 피워서 그런가" 걱정이 돼 흡연의 유전 여부를 물어본 것이다.

담배 피우는 부모 밑에서 자란 아이들이 커서 흡연자가 될 확률이 비非흡연 부모를 둔 아이보다 세 배나 높다는 연구결과가 나와 있다. 게다가 사람마다 니코틴의 맛을 느끼는 DNA(유전자) 종류가 조금씩 다르다는 연구결과도 제시됐다. 이는 결국 아이가 골초가 되는 것이 부모 탓이란 얘기다.

그렇다면 아들 가방 속의 담배를 보고 실망하던 친구는 자책 대신 골초였던 할아버지를 원망해야 할 판이다. 국내 청소년들의 흡연율은 지난 10년간 줄지 않고 있다. 니코틴을 증기로 흡입하는 전자담배를 사용하는 중고등학생이 무려 열배 가까이 늘었다. 이 전자담배가 금연에 도움을 주기는커녕 오히려 흡연을 부추긴다는 연구결과가 최근에 나왔다. 건강의 최대 적敵인 담배, 이로부터 우리 아이들을 지킬 방법은 없는가.

전자담배에서 새 발암 물질 생성돼

마오쩌둥은 "담배를 피우면 머리가 맑아지고 정신이 집중돼 일에 몰두할 수 있고 또 내뿜는 담배연기를 보면 마음이 가라앉고 평화로워진다"고 했다. 흡연의 시조인 인디언들은 감사의식 때 파이프 담배를 피웠다. 1492년, 스페인의 콜럼버스는 담배를 보는 순간 돈벌이가 될 것 같은 예감이 들었다. 그는 만병통치 효과가 있다는 과대 선전과 함께 담배를 퍼뜨렸다.

당시 신무기와 두창(천연두)을 앞세워 아메리카 인디언들을 몰살시킨 유럽 문명에 대한 인디언들의 저주일까? 현재 지구촌 남성의 반이 피워대는 담배는 성인 사망원인 중 으뜸이다. 인디언들의 '감사의 담배연기'가 이제는 '죽음의 연기'가 돼 성인, 청소년의 건강을 위협하고 있다.

담배에 든 599종의 첨가제들이 타면서 벤젠, 포름알데히드 등 69종의 발암물질이 나온다. 흡연은 인체의 모든 장기에 악영향을 미치는 직격탄이다. 20대 젊은 남녀가 80세까지 건강하게 살 확률이 70%인데 담배를 무는 순간 그 장수확률이 35%로 준다.

흡연은 암 억제 DNA까지 망가뜨린다. 2013년 '미국임상종양학지'에 실린 삼성서울병원의 연구결과에 따르면 국내 폐암환자의 96%에서 유전자 변형이 확인됐다.

인디언 담배가 건강에 이롭다'고 전한 1907년 광고

변형된 곳의 80%가 하필 암 발생억제 유전자(TP53)다. 생활하다가 '이상한 세포'가 한둘 생기더라도 암 발생억제 유전자가 없애줬는데 담배연기는 이곳을 집중적으로 망가뜨려 암을 발생시킨다. 유전자가 망가지면 치료해도 원래의 정상 DNA로 돌아갈 수 없어서 그만큼 치료가 힘들다.

폐암, 심혈관 질환, 고혈압 등 많은 병의 원인이 담배연기 속의 발암 물질이다. 이런 이유에서 전자담배는 덜 위험하다고 선전, 시판됐다. 즉 전지를 이용해 니코틴 용액을 증발시키면 니코틴만 폐로 갈뿐 발암물질이 담긴 연기는 생기지 않아 기존의 담배보다 훨씬 안전

전자담배는 청소년에게 담배를 쉽게 접하게 하고 금연엔 별 도움을 주지 않는다.

하다고 했다. 전자담배가 금연에 도움을 준다는 광고도 등장했다. 이런 광고에 힘입어 전자담배는 출시 이후 시장이 급성장했다. 매출액이 4년 새 25배나 뛰어오른 2조원에 달했다. 10년 내에 일반 담배 전체보다 시장 규모가 커질 것으로 예측되기도 했다.

하지만 이런 광고와는 다른 연구결과들이 최근 속속 발표되고 있다. 2014년 '국제 청소년건강학회지'에 의하면 한국 청소년 7만 명을 조사한 결과 전자담배가 흡연율을 낮추지 못했다. 대부분은 전자담배와 기존의 담배를 동시에 피웠다. 전자담배를 이용하기 시작한 학생이 9배나 늘었다.

금연 성공, 니코틴 수용체 복구에 달려

지금은 메이저 담배회사들까지 뛰어든 전자담배는 기존 담배와는 달리 무엇을 섞어도 관계기관이 규제하지 않는다. 그래서 제조업체들은 청소년이 좋아하는 향료를 섞기도 하고 니코틴 액을 증발시키는 전기량을 늘려서 첨가제들이 더 잘 날아가도록 했다. 그 결과 '카보닐' 계열의 새로운 발암물질이 생성됐다. 게다가 니코틴 액이 증발할 때 생기는 초超미세입자들은 기존 담배처럼 40% 이상 폐에 축적됐다. 전자담배 증기를 항생제에 잘 견디는 세균에 쬐였더니 세균들의 항생제에 대한 내성耐性이 더 강해졌다.

당초 전자담배가 금연禁煙을 도울 것으로 기대한 것은 니코틴만 몸에 공급하면 중독성이 다소 적을 것으로 판단해서였다. 하지만 한국, 미국 청소년 모두 담배를 줄이거나 끊기는커녕 전자담배로 인해 오히려 담배와

친숙해지는 것으로 나타났다. 한마디로 말해 전자담배도 해롭다. 전자담배도 니코틴 중독에서 벗어나게 하진 못한다. 담배에서 발암물질 이상으로 무서운 것은 바로 니코틴 중독이다.

"담배를 끊은 사람에겐 딸을 주지 마라"는 말은 딸을 주고 싶지 않을 만큼 심성이 독한 사람만이 담배를 끊는다는 얘기다. 그만큼 담배 끊기가 어렵다. 니코틴이 함유된 일반 담배, 전자담배, 담배 껌은 모두 니코틴 중독을 일으킨다. 니코틴 중독이 생기는 것은 마약인 코카인, 아편에 중독되는 이유와 같다. 담배 연기와 함께 폐 속으로 전달된 니코틴은 폐肺 혈관에 흡수돼 두뇌 앞부분의 신경세포로 전달된다. 이어 니코틴은 신경세포의 니코틴 수용체receptor에 찰싹 달라붙어 도파민을 분비하게 만든다. 도파민은 기쁨의 호르몬이다. 사랑할 때 나오는 이 호르몬은 우리를 즐겁게 만든다. 니코틴이 작용하는 곳은 뇌의 '쾌락중추'다.

원숭이에게 같은 부위를 자극하는 전극의 스위치를 쥐어주면 죽어라고 스위치를 누르다 결국 죽고 만다. 원숭이의 뇌에 붙인 전극처럼 어떤 행동에 대한 보상,

즉 쾌락이 빨리 올수록 중독이 잘 된다.

마침내 그림을 완성한 화가의 뇌에선 도파민이 분비돼 쾌락을 느낀다. 하지만 이런 보상을 받는 데 시간이 오래 걸려 중독이 안 된다. 이와는 달리 담배는 피운 뒤 10초 만에 니코틴이 뇌에 도달해 도파민을 생성시킨다. 담배를 입에 물면 바로바로 쾌락을 얻는 것이 담배의 유혹에서 빠져 나오기 힘든 이유다. 담배가 '죽음의 쾌락 전극'인 셈이다.

흡연한 지 오래된 사람의 니코틴 수용체는 비틀려 있다. 비틀린 수용체에 니코틴이 붙지 않으면 금단禁斷현상, 즉 마음이 불안해지고 심장이 쿵쿵거리고 머리가 아파 온다. 밤새 니코틴이 분해돼 혈중血中 니코틴 농도가 낮아지면 수용체에 니코틴이 붙지 않게 된다.

약효 강력한 금연약은 '자살' 부작용

흡연 초짜인 경우는 수용체가 정상 모양이어서 별 문제가 없다. 그러나 골초들은 수용체가 비틀려 있어서 금단현상을 경험한다. 또 니코틴에 중독된 뇌에서 니코틴이 부족할 때 나오는 물질CRF도 금단현상을 유발한다. 새벽에 일어나자마자 빈속이라도 담배를 물어야 하는 것은 밤새 떨어진 혈중 니코틴을 급히 보충해야 하기 때문이다. 이때 방 안에 남은 담배가 없다면 재떨이라도 뒤져서 꽁초에 불을 붙인다.

니코틴 수용체는 여러 종류의 부속물로 구성돼 있다. 사람마다 부속물의 종류가 다르다. 담배를 끊으려면 니코틴 중독으로 비틀린 수용체를 원상태로 복구시켜야 한다. 수용체가 원래의 정상 모습으로 돌아오는데 걸리는 시간이 4~8주다. 새해의 금연결심이 대개 작심삼일作心三日로 끝나는 것은 금연 후 48시간이 금단증상의 피크이기 때문이다.

니코틴 중독은 단순히 수용체가 비틀린 것보다 훨씬 뿌리가 깊다. 담배를 피울 때의 분위기, 즉 머리에 꽂힌 '필feel'도 함께 저장되기 때문이다. 예컨대 석양이 지는 울릉도 해변에서 소주 한잔과 함께 입에 물었던 필자의 첫 담배의 기억은 40년이 지난 지금도 생생하다. 석양에 해변을 거닐거나 감탄사가 절로 나는 풍경 앞에 서거나 소주 한잔이 들어가면 수년간 끊었던 담배 생각이 간절해진다. 만약 기억에 남는 흡연 장면의 '필'이 매일 반복된다면 중독이 더 심해진다. 기억까지 저장된 담배는 끊기 힘들다.

강력한 금연약인 '챔픽스'의 사용설명서에 표시된 부작용이 '자살'이다. 니코틴이 수용체에 달라붙어야 도파민이 생성된다. 이 금연 약은 니코틴보다 20배 강하게 수용체에 먼저 달라붙는다. 따라서 이 약을 복용하면 담배를 피워도 니코틴이 수용체에 붙지 않아 도파민이 생성되지 않는다. 당연히 담배를 피워도 맛이 없고 밋밋하다. 도파민이 생성되지 않으니 세상 살맛이 없어지고 우울해지며 심하면 옥상에서 뛰어내리게 만든다. 끊고 싶지만 하루 만에 다시 피는 사람이 절반이고 금연성공률이 3%인 이유는 건물 지붕에서 뛰어내리고 싶은 이런 금단현상 탓이다.

한국은 니코틴 중독으로 인해 성인남자의 반이 담배를 피워 경제협력 개발기구OECD 내 '흡연챔피언'이라는 불명예를 고수하고 있다. 미국의 소설가 마크 트웨인은 "담배 끊긴 아주 쉽다. 나는 무려 백번이나 끊었다"고 했다. "금연에 성공한 사람은 없다. 다만 평생

참고 있다"고 할 만큼 니코틴 중독은 마약만큼 절연切緣이 힘들다. 처음부터 발을 들여놓지 않는 것이 상책이다.

통계에 따르면 많은 청소년들이 고교 시절에 흡연을 시작한다. 호기심, 사춘기, 입시가 맞물려 니코틴 중독의 길로 발을 디딘다. 부모가 흡연하면서 자녀들에게 금연을 강조할 순 없다. 초등학교부터 담배의 무서움을 교육해야 한다. 이제 담배연기는 더 이상 인디언들이 하늘에 기원하는 기도가 아니다. 신대륙 발견 과정에서 아메리카 인디언들에게 저지른 피의 대가는 그동안 폐암으로 인한 수많은 죽음으로 충분하다. 말랑말랑한 아이들의 뇌를 누런색 담배 니코틴으로 물들게 해서는 안 된다. 어른들이 나서야 할 때다.

04

●

이상화 같은 허벅지 만들면 뚱뚱해도 장수 문제없다

장수의 지름길

뉴욕의 타오 푸춘린치 여사는 현역 요가강사다. 해마다 라틴댄스 대회에도 출전한다. 그녀의 나이는 올해 95세다. 튼튼한 다리 근육을 갖고 있기 때문에 빠른 박자의 라틴 음악에도 경쾌하게 온몸을 움직일 수 있다. 댄스는 두뇌와 근육이 척척 맞아야 '휙'하고 몸을 돌릴 수 있어서 두뇌도 건강해야 한다. 운동, 특히 근육이 건강의 버팀목임을 보여주는 좋은 사례다.

올해 소치 겨울올림픽에서 인상 깊었던 장면은 이상

2014년 소치 겨울 올림픽 스케이트 500m 금메달리스트 이상화 선수

화 선수의 23인치 허벅지다. 웬만한 여자의 허리와 맞먹는 근육은 특히 단거리에서 폭발적인 힘을 내게 해준다. 반면에 마라톤선수의 몸은 마른 장작을 연상하게 한다.

어떤 유형이 건강 장수에 도움이 될까? 운동선수는 과도한 운동으로 오히려 수명이 짧아진다는 설도 있는데 근육이 정말 필요할까? 필요하다면 매일 걷기를 해야 하는지 아니면 무거운 아령으로 근육을 키워야 하는지? 이런 고통스러운 방법 외에 다른 묘수는 없는가? 어떤 방법으로 급격히 몸이 변하는 중장년에게 '100세 장수'의 꿈을 이루게 할 수 있을지 궁금하다.

UCLA 의대, 근육과 수명관계 연구

필자의 건강검진 성적표엔 늘 '과過체중'이란 경고가 붙어 있다. 비만의 지표로 쓰이는 체질량지수BMI, 즉 자신의 체중(㎏)을 키(m)의 제곱으로 나눈 값이 23.5로 정상(18.5~22.9) 범위를 벗어나 과체중(23~24.9)에 해당하기 때문이다. 성적표를 볼 때마다 '정상 체중'으로 되돌리려고 아예 밥의 반을 덜어놓고 식사를 시작한다. 하지만 최근의 소식은 마음 편하게 한 공기를 먹게 했다.

미국 UCLA 의대 연구팀은 올해 '미국 의학잡지'에 체중이 아닌, 근육량이 수명을 결정한다고 발표했다. 55~65세 남녀 3,659명을 조사한 결과 기존의 비만지표인 BMI가 실제 수명과 연관성이 별로 없는 것으로 드러났다는 것이다. 이보다는 근육량 지수, 즉 근육량(㎏)을 키(m)의 제곱으로 나눈 값이 훨씬 더 정확하게 수명과 비례한다고 발표했다.

근육이 많은 사람이 오래 산다는 얘기다. 실제로 체질량지수가 정상 체중 범위라고 분류된 미국 성인의 24%가 대사代謝 건강상 문제가 있었다. 따라서 '체중이 정상 범위이니까 건강하다'고 말할 수 없다. 이 연

로댕의 '생각하는 사람'의 근육

구결과에 고개를 끄떡이게 되는 것은 두 유형의 사람들이 눈에 띄기 때문이다. 한 유형은 체중은 적게 나가지만 내장지방은 많은, 소위 '마른 비만'인 사람들이다. 특히 일부 젊은 여성들이 이런 '마른 비만'에 속하고 실제로 이들의 건강 문제가 심각하다. 이와는 반대로 체중으론 '과체중'이지만 근육이 충분히 있는 사람은 실제로 오래 산다. 따라서 체중을 기준으로 산출한 BMI를 건강 지표로 삼기는 곤란하다. 이제 병원이나 건강센터에선 체중 대신에 근육량을 측정한 비만 도표를 걸어놓아야 할 것 같다. 근육량 측정은 그리 복잡하지 않다. 체지방 분석용 저울에 올라서면 1분 이내에 근육, 지방량 등을 분석해 준다. 가정용 분석 저울도 구입 가능하다. 물론 더 정확한 측정을 위해선 병원의 CT를 이용할 수 있다. 근육이 많을수록 장수한다고 하니 이제라도 근육을 늘려야겠다.

그런데 근육을 키우려면 매일 1시간씩 한강변을 걸어야 하나, 아니면 헬스장에서 무거운 역기를 들어야 하나? 어떤 근육을, 어떻게 단련해야 하는지 궁금하다.

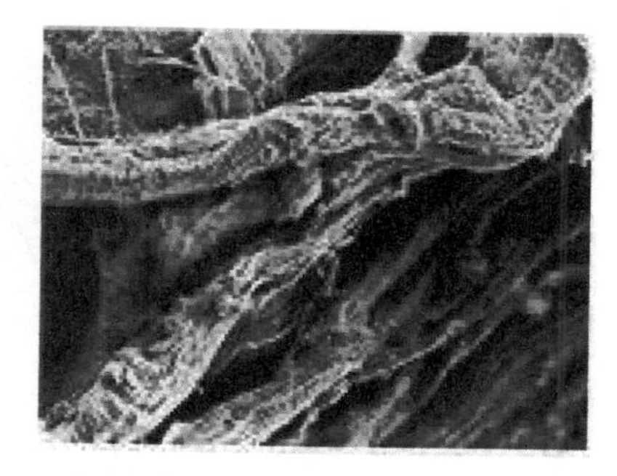
몸의 중심을 지탱하는 허벅지 근육 섬유

근육 늘어나면 골다공증도 멀어져

지난해 12월, 빙판길에서 넘어져 119를 부른 횟수가 서울시에서만 3,000건이다. 빙판길 낙상뿐 아니라 일단 넘어지면 노인에겐 치명적이다. 근육은 매년 1%씩 줄어 80세가 되면 30세의 절반이다. 줄어들고 약해진 근육 때문에 집 안에서도 쉽게 넘어진다. 나이 들면 골밀도마저 떨어져 한번 넘어지면 바로 골절이 된다. 뼈가 부러지면 잘 붙지도 않아서 대퇴부 골절 노인 환자의 27%가 1년 이내, 80%가 4년 내에 사망한다. 일본 정형학회 자료에 따르면 일본 노인의 사망 원인 중 암, 노환에 이어 3위가 골절일 만큼 골절은 '대단히'

건강의 바탕은 근육이다.

위험한 사고다. 최선의 골절 예방책은 넘어지지 않는 것이다. 우선 몸의 중심부인 허리와 다리를 지탱해 주는 허벅지 근육 같은 큰 근육, 소위 '코어core 근육'을 튼튼하게 유지해야 한다. 몸의 근육은 세포다. 근육 운동을 하면 세포 수가 증가해 근육량도 늘어나지만 근육의 힘도 강해진다. 근육의 힘, 예를 들면 손아귀의 힘(악력)이 센 사람들이 오래 산다는 통계는 근육이 바로 건강이란 방증이다.

무작정 굶으면 근육만 빠져 역효과

넘어지지 않도록 근육의 힘을 키우는 데는 짧고 강한 자극을 근육에 주는 것이 좋다. 순간적인 힘을 내는 근육, 소위 '속근'을 생기게 하는 데는 오래 걷기 같은 낮은 강도의 운동보다 무거운 역기를 잠깐씩 올렸다 내리는 고高강도 근육운동이 더 효과적이란 말이다. 굳이 헬스센터를 갈 필요도 없다. 대퇴부나 허벅지의 큰 근육을 키우는 데는 말 타기 자세가 그만이다. 그 자세에서 앉았다가 일어나는 반복 운동만으로도 허벅지를 이상화 선수처럼 만들 수 있다. 계단을 오를 때도 허리를 꼿꼿이 한 채로 무릎을 앞으로 내지 않고 오르면 허리와 허벅지 근육이 발달한다. 이렇게 근육이 늘어나면 뼈의 양도 늘어나고 단단해져서 골다공증이 예방된다. 노화는 다리에서부터 온다. 튼튼한 허리, 허벅지 근육이 건강의 첩경이다. 필자는 며칠 전 갑작스러운 배탈로 3일간 제대로 먹지 못했다. 덕분에 체중이 4㎏이나 줄어서 예정에 없는 다이어트를 한 셈이 되었다. 하지만 뱃살이 줄기보다는 그나마 있던 다리의 근육이 홀쭉해졌음을 발견했다. 먹을 것이 줄어든 비상

상황에서 몸은 '보통예금'에 해당하는 근육의 에너지를 먼저 쓰고 '정기예금'인 지방 에너지는 나중에 사용한다. 따라서 지방을 없애려고 음식 섭취를 갑자기 줄이면 근육만 빠진다. 우리 몸은 원래 몸무게로 돌아가려는 경향이 강해 몸이 눈치 못 채게 매일 조금씩 음식량을 줄이고 운동으로 근육을 키워놓아야 '요요'없이 성공적으로 뱃살을 줄일 수 있다.

날씬한 몸매보다 더 중요한 근육의 역할은 성인병을 예방하는 능력이다. 성인병은 '죽음의 4중주'라고 불리는 비만, 당뇨, 고지혈증, 고혈압이다. 이 모든 것의 시작은 과식과 운동 부족에서 오는 잉여 칼로리다. 남는 칼로리는 고에너지의 지방으로 복부에 저장된다. 비만의 시작이다. 혈관 속에 녹아드는 지방은 인슐린의 기능을 방해해 혈중 포도당의 세포 내 흡수를 막아 혈당을 높인다. 2형 당뇨병의 시작이다. 당뇨병은 '나쁜 콜레스테롤'인 LDL 콜레스테롤의 혈중 농도를 더 높여서 이미 과잉 칼로리로 인해 높아진 혈중 콜레스테롤 수치를 더 높인다. 고지혈증의 시작이다. 고혈압과 고지혈증은 '죽음의 4중주'의 '피날레 펀치'를 날린다. 뇌졸중,

심장마비다. 이런 성인병의 위험에서 벗어나는 방법은 극히 간단하다. 적게 먹고 많이 움직여 남아도는 칼로리가 지방으로 쌓이는 것을 사전에 막으면 된다.

국가대표 선수들은 4년 후의 올림픽 금메달을 위해 무거운 역기를 들어 삼두박근을 키운다. 이들은 분명한 목표가 있어서 힘든 근육 운동도 이를 악물고 참는다. 일반인들은 오직 건강과 몸매만을 위해 무거운 역기를 들어올려야 한다.

하버드 의대, 지방분해제 동물 실험

힘든 운동 대신 더 쉽게 지방을 태우는 방법이 없을까? 놀랍게도 가능하다. 지방을 운동 없이 줄일 수 있는 방법을 미국 하버드대학 의대 연구진이 발견해 2014년 유명 과학 잡지인 '세포 대사Cell Metabolism'에 발표 했다. 발견한 물질은 아미노산 유도체Beta Amino Iso Butyric Acid다. 운동하는 근육세포가 지방세포에 '스스로 타 버려!'라고 명령하는 신호물질이다. 우리 몸의 지방덩이는 살아 있는 세포 덩어리다. 스스로 태울 수 있는 '보일러'인 미토콘드리아를 많이 가진 지방은 갈색이고 '보일러'가 별로 없는 백색 지방은 단순 저장 창고다. 태아는 갈색 지방을 갖고 있지만 성인은 불행히도 모두 백색 지방이라 스스로 태워서 없앨 수 없다. 그런데 하버드대 의대팀이 발견한 물질은 백색 지방을 갈색 지방으로 바꾸어 스스로 타 버리는 '지방 소각용 알약'인 셈이다. 게다가 이 알약은 간에서 지방 산酸도 분해시켜 온몸에서 지방을 싹쓸이 청소한다.

이 알약을 쥐에게 먹였더니 지방이 30% 줄었다는 사실은 알약 하나로 뱃살을 줄일 수 있다는 희소식이다. 더구나 알약 하나를 먹으면 말을 안 듣던 인슐린마저 고분고분해져서 제 업무(혈당 낮추기)를 제대로 수행한다. 즉 인슐린 저항성이 없어져서 혈당을 낮춘다니 신통한 일이다. 이 알약은 사람에게도 적용 가능할 것이다. 이 물질이 혈액 내에 많은 사람일수록 혈당, 인슐린저항성, 콜레스테롤이 적은 '건강한' 상태였다. 이 결과대로라면 고통스럽게 운동을 해서 뱃살의 지방을 빼지 않아도 '지방 청소 알약' 한 알만 먹으면 지방을 줄이고 뱃살이 금방 줄 수 있다. 사람을 대상으로 한 임상연구 결과가 기대된다. 그 결과가 나오기 전까지는 지방 태우는 효과가 검증된 근육 움직이기, 즉 운동을 하자.

95세 라틴댄스 선수인 타오 푸춘린치 할머니는 말한다. "오래 살기 위해서 운동하지는 않는다. 라틴댄스를 배우는 그 도전 자체가 즐거워서 한다." 하버드대학이 발명한 알약 하나를 먹고 오래 살 수도 있지만 이왕이면 라틴댄스로, 아니면 강변을 달리는 자전거 타기로 즐겁게 오래 살자. 인체의 근육을 가장 잘 묘사한 조각가인 로댕은 "위대한 예술가는 근육이나 힘줄, 그것 자체를 위해서 조각하진 않는다. 그들이 표현하는 것은 전체다"라고 말했다. 우리에게 중요한 '전체'는 수명의 '길이'가 아닌 수명의 '깊이'가 아닐까?

05

인간 수명 170세, 포도 씨, 껍질 성분 속에 답이 있다

장수의 두 가지 열쇠

전화를 받던 친구가 벌떡 일어선다. 장인이 돌아가셨다는 말을 들어서다. 오늘 오전까지도 자전거로 동네 노인정에 다녀왔다는 어르신은 올해 90세, 그 마을의 최장수자이다. 노인정에서 장기 훈수를 두던 이야기를 가족과 하고 소파에서 잠든 것이 마지막이었다. 한국인의 현재 평균수명이 80세이니 어르신의 경우는 보통 사람보다 10년을 더 산 셈이다. 마지막 날까지 병으로 앓지 않고 살았으니 이보다 더 '행복한 죽음'은 없는

물에 담그기만 해도 젊어진다는 '청춘의 샘' (독일 화가 루카스 크라나흐의 1546년 작품)

셈이다. 하지만 이제 80세 노인도 동네 노인정에선 '동생' 취급을 받을 만큼 평균수명이 늘어났다.

'99, 88, 23, 4!' 작년 송년회 모임에서의 건배사다. '99세까지 팔팔하게 살다가 2, 3일 만에 사망하자'라는 이 외침은 말년의 건강을 걱정하는 노년층의 공통된 희망사항이다. 99세가 가능할까? 50년 전 한국인의 평균 수명은 52세, 지금은 78세로 50%나 연장됐다. 하지만 실제 수명의 절대치가 올라간 것은 아니다. 의학이 발전하고 위생시설이 개선돼 과거엔 병으로 일찍 죽던 사람들이 줄어들어 전체 평균 수명이 늘어난 것이다. 미국 통계청의 평균 인간수명 예측은 2075년 86세, 2100년 88세다. 이룰 수 있는 최대 평균수명을 90살로 예상했다. 평균 수명이 늘어나면 최대 수명,

즉 최장수인의 나이도 올라간다.

과학은 인간의 최대 수명을 몇 살까지 연장시킬 수 있을까? 현재까지의 공식 최장수기록인 프랑스의 잔 클레망(1875~1997년) 할머니의 122살을 넘어선 150 살 장수기록이 나올까? '150년 후에 그 결과를 보자' 면서 각각 150달러를 내기에 건 두 괴짜 교수가 있다. 150년 후 150달러는, 주식 시장만 순항이라면 5000 억 원이 된다. 이런 횡재를 할 사람이 어느 쪽 후손일지 흥미롭다. '예'에 돈을 건 미국 텍사스대학 스티븐 오스태드 교수는 2012년 미국 '샌안토니오' 신문기사에서, '내가 이길 것'으로 확신 했다. 동물의 장수유전자 연구학자인 오스태드 교수는 인위적으로 노화를 막아 인간수명을 150세까지 연장시키는 노화방지약이 곧 나올 것으로 예측했다. 즉 마시거나 담그기만 해도 젊어진다는, 전설 속에나 있는 '청춘의 샘'을 찾을 수 있다는 주장이다. 반면 '아니오'에 돈을 건 미국 일리노이대학 스튜어트 올산스키 교수는 "인간은 늙어서 죽도록 프로그램돼 있다"며 "최대한 오래 살려고 노력해봐야 기껏 3년 정도 늘릴 뿐이지 현재의 120세 장벽을 넘을 수 없다"고 주장했다. 따라서 '예'가 이길 방법은 오직 신神의 도움을 받는 것뿐이라며 인간수명 150세 불가를 자신했다. 하지만 최근 신이 '예'에 화답하는 연구결과들이 속속 발표되고 있다. '예'측에 힘을 실어준 연구들을 요약하면, 세포의 '보일러' 연료를 줄이고 세포 내 통신을 원활하게 작동시키는 것이 장수의 열쇠다.

선충 유전자 조절해 수명연장 실험 성과

2013년 5월 세계 권위의 과학 학술지 '네이처'엔 세포의 미토콘드리아에서 장수유전자를 찾아냈다는 스웨덴 학자들의 연구논문이 실렸다. 미토콘드리아는 신체의 연료인 포도당을 태워서 에너지를 만드는 세포 내 '보일러'다. 이 '보일러'의 연소 속도를 줄이는 것이 장수의 첫째 방법이다. 연구팀은 포도 껍질과 씨앗에 많이 함유된 항抗산화 성분인 레스베라트롤을 사용해서 '보일러'의 연소 속도를 낮춰봤다. 실험에 사용한 선충(1㎜ 크기의 작은 벌레로 장수연구에 많이 쓰임)의 수명이 60%나 연장됐다. 이 장수유전자는 선충뿐만 아니라 인간을 포함한 대부분의 동물이 갖고 있으므로 이 결과는 사람에게도 적용 가능하다. 선충의 60% 수명 증가를 사람에 대입하면 150세를 훌쩍 넘어선 170세까지 수명 연장이 가능하다는 말이다. 50세에 숨진 중국의 진시황이 벌떡 일어날 만한 연구결과이다. 진시황이 불로초를 찾으려고 샅샅이 조사한 대상은 무수한 약초들이다. 반면 스웨덴 연구진은 365~900일의 다양한 수명을 가진 실험용 쥐들의 유전자 정보를 정밀 조사했다. 이 쥐들이 보유한 480만 개의 유전자 정보를 조사해 장수 관련 유전자 세 개를 발견했다. 그리고 이 유전자를 조절하면 실제로 수명이 늘어난다는 것을 선충을 사용해 확인 했다. 놀랍게도 세 개 장수유전자들은 우리가 섭취한 음식을 분해해 에너지를 내는, 즉 에너지 대사와 관련된 유전자였다. 음식을 통한 에너지 섭취를 줄이면 세포에 두 가지 혜택이 돌아온다. 하나는 '보일러'의 연소 속도가 느려져 몸에 해로운 부산물이자 노화의 주범으로 일컬어지는 활성(유해)산소가 덜 생성된다. 다른 하나는 먹거리가 부족한 위기 상황임을

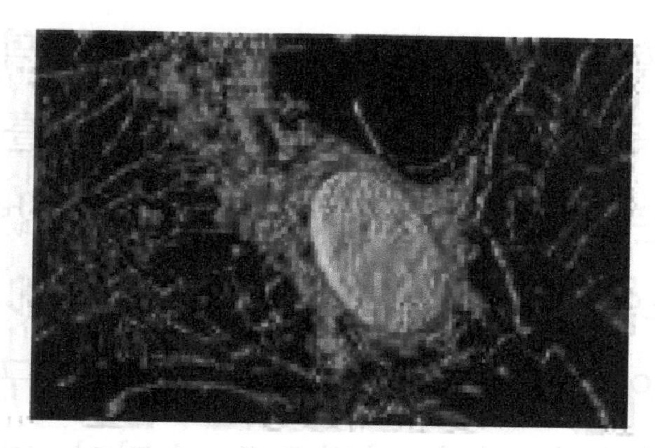

세포의 '보일러'인 수백 개의 미토콘드리아(붉은 색). '보일러'의 연소 속도를 줄이는 것이 장수 지름길이다. 노란색이 세포의 핵, 푸른색이 세포의 골격이다.

감지한 세포들이 '보일러'의 효율을 최대로 높이기 위해 온갖 방법을 동원한다. 먹을 것이 부족한 환경에서 살아남는 법을 몸으로 직접 터득한 사람이 더 오래 산다는 얘기다.

이 연구의 흥미로운 점은 에너지를 줄이는 '자극'은 어릴 때 받아야 효과적이지, 성인이 돼서는 '약발'이 떨어진다는 것이다. 장수도 조기 교육이 필요한 셈이다. 포유류를 비롯한 동물의 경우 음식 섭취량이 적을수록, 다시 말해 대사속도가 느릴수록 수명이 길다. 사람의 경우도 마찬가지여서 세계 장수지역 100세 이상 장수노인들의 첫 번째 공통점이 소식小食이다. 하지만 소식은 상당한 인내가 필요하다. 한 알만 먹으면 장수 유전자를 자극해 소식할 때와 같은 효과를 제공하는 '장수 알약'은 없을까? 스웨덴 연구진이 '장수 물질'을 찾았다. 포도에 든 레스베라트롤을 선충에게 먹였을 때 실제로 수명이 연장된다는 것을 보여준 연구는 이번이 처음이다. 게다가 이런 방법으로 수명이 연장된 경우 건강상태도 나아져 나이가 들어서도 근육이 튼튼하게 유지된다. 즉 100세에도 앉거나 누워만 지내지 않고 자전거를 타는 진정한 장수 노인이 탄생한다는 얘기다.

과다한 인슐린이 세포 쓰레기 양산

2013년 유명학술지인 '국립과학회지PNAS'와 '플로스PLoS'엔 인슐린이 제대로 일해야만 세포 내에 쓰레기가 쌓이지 않아 장수하게 된다는 연구 결과들이 발표됐다. 보일러 배관에 쓰레기가 쌓이면 보일러가 망가지거나 주춤거린다. 세포도 마찬가지다. 연료, 즉 음식이 좋아야 쓰레기가 덜 생겨 '씽씽' 돌아간다. 당糖이 금방 만들어지는 음식, 예를 들면 하얀 쌀 밥, 밀가루 등

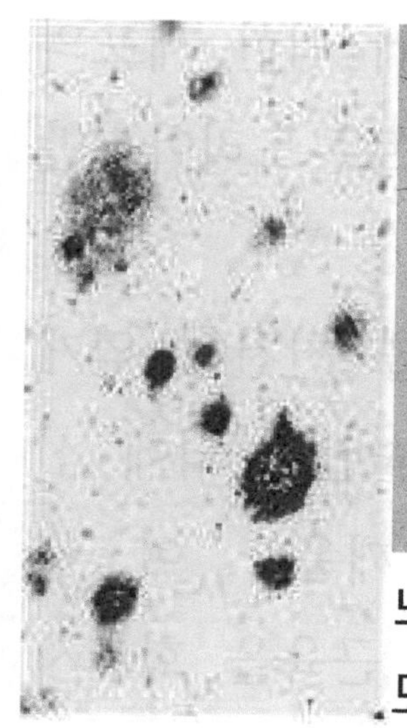
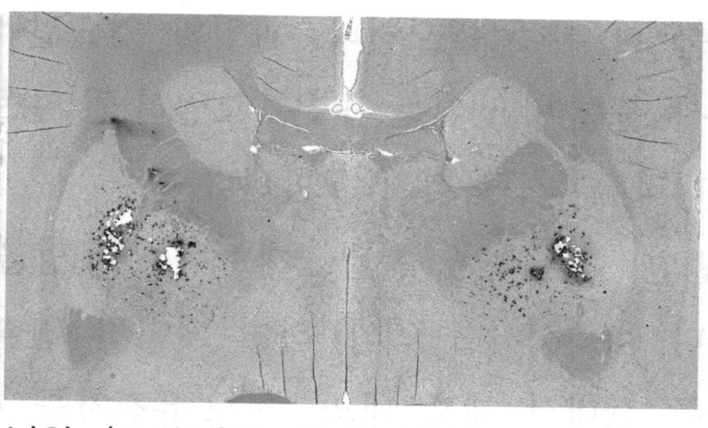

뇌의 '쓰레기'인 베타 아밀로이드가 쌓인 모습으로 치매의 원인이다.

흰색의 탄수화물은 혈액 속의 포도당, 즉 혈당을 빨리 높인다. 따라서 '혈당을 낮추는 호르몬'인 인슐린을 늘 많이 필요로 한다. 비非정상적으로 높은 인슐린은 세포 쓰레기를 만드는 메신저 역할을 한다. 인슐린 분비를 정상으로 돌리는 일이 장수의 두 번째 비결이라고 보는 것은 그래서다.

포도당 등 단순당單純糖이 많은 식사를 한 쥐의 수명이 20%나 짧다는 연구결과는 당을 급히 높이는 식사가 단명短命의 주범임을 시사한다. 천천히 씹는 현미밥보다 '후다닥' 먹어치우는 흰 쌀밥이 혈당을 빠르게 높여 2형(성인형) 당뇨병이나 심혈관 질환 등 건강상 문제를 더 자주 일으킨다. 과잉의 인슐린에 의한 세포의 통신 불통이 생기는 곳은 '보일러'인 미토콘드리아뿐만 아니라 뇌, 근육까지 포함된다.

반면 콩, 씨앗, 통밀, 채소는 포도당을 천천히 얻게 한다. 또 식사를 적게 하면 낮아진 인슐린이 뇌에 신호를 보내서 세포 내의 '청소'유전자를 깨운다. 이 '청소'유전자들은 근육의 쓰레기를 없애고 근육을 회춘시켜 수명을 늘린다. 치매의 일종인 알츠하이머병도 뇌세포에 '베타 아밀로이드'라는 비정상 쓰레기가 쌓여서 생긴다.

2013년 12월, 유명 학술지인 '셀 리포트Cell Report'엔 장수와 관련된 두 가지 열쇠, 즉 '보일러'(미토콘드리아)의 '불꽃'을 낮추고 인슐린 통신망을 보수하는 일을 동시에 하면 수명이 5배나 늘어난다는 연구결과가 소개됐다. 선충에서 수명이 5배 늘어나면, 사람은 400~500살까지 산다는 꿈같은 얘기다. 300년을 산다는 거북이가 놀라서 뒤집어질 숫자다. 이처럼 장 수유전자는 하나가 아니라 두 개가 합쳐진 '세트set'라야 더 강력한 장수효과를 발휘한다. 122세까지 산 클레망 할머니의 예를 보자. 할머니의 5대 선조들은 모두 같은 지역의 다른 사람들보다 평균 10.5년 더 살았다. 이는 환경보다 유전자가 장수에 더 중요하다는 의미로도 풀이된다. 장수 노인들에게서 하나의, 결정적인 장수유전자를 아직 찾지 못했다. 장수유전자가 세트라는 방증이다. 장수유전자가 세트인 만큼 장수를 위한 대책도 복합처방이 효과적이다. 선충에서 얻은 결과에 불과할지라도 지금의 연구추세라면 인간 최고수명 150살이 가능하지 않을까? 150달러를 '예'측에 배팅한 후손들이 즐거워할 일이다. 150살 노인은 마지막까지 건강하고 행복하게 살 수 있을까?

어릴 때부터 장수교육 해야 효과적

최대 수명이 150살까지 늘어나도 말년을 병원에서 '끙끙'앓고 보낸다면 긴 수명이 그리 반가운 일만은 아니다. 친구의 장인처럼 생의 마지막 날까지 자전거를 타고 장기 훈수를 두며 소파에서 잠들듯이 삶을 마감하는 '행복한 죽음'을 누구나 원한다. 하지만 이런 자연사自然死는 국내의 경우 10% 이하에 불과하다. 대부분의 노인들은 만성질환, 암 등으로 말년을 고통으로 보낸다. 한국보건사회연구원의 자료에 따르면 서울 시민의 평균수명은 80.4세인데 아프지 않고 사는 '건강수명'은 73.9세다. 마지막 6.5년은 병치레로 보낸다. 한국의 평균수명은 일본 등 경제협력개발기구OECD 국가와 비슷하지만 병치레 기간은 더 길다. 소득이 낮을수록, 건강 의료 기반이 나쁠수록 병치레 기간은 늘어난다. 소득의 차이가 병치레 기간을 좌우한다. 후진국의 노인들이 말년에 더 고생한다는 얘기다. 최대 수명이 120세에서 30년 늘어나면 인간은 그만큼 더 행복해질까? 아인슈타인은 상대성이론을 이렇게 설명했다. "사랑스러운 여인과의 30분 기차여행은 5분처럼 짧지만, 싫은 사람과의 5분 여행은 30분보다 길다." 오래 사는 것도 중요하지만 잘 사는 것이 더 의미가 있다는 것이 수명의 상대성 이론이다.

골목에서 친구들과 구슬치기에 여념이 없던 아이도 엄마가 "이제 저녁이다. 그만 들어와 저녁 먹어야지"라고 부르면 흙을 털고 친구들과 아쉬운 이별을 해야 한

세포 '보일러'의 속도를 낮추고 세포 내 통신을 원활하게 하는 것이 150세 장수의 비결.

다. 마지막 순간까지 제일 중요한 일은, 좋은 친구들과 잘 노는 것이 아닐까? 진정한 장수란 150살이라는 수명의 길이가 아니고 무엇을, 누구와, 어떻게 했는가 하는 수명의 깊이일 것이다.

06

●

비만, 우울증까지 잡는, 참 기특한 배 속 유익균!

장내 미생물

얼마 전에 대장 내시경 검사를 했다. 한국인의 암 발생률 3위를 차지한다는 대장암도 무서웠지만 맥주 한 잔에도 쌀쌀해지는 아랫배가 영 신경이 쓰였기 때문이다. 병원 검사대에서 스크린에 비춰진 대장의 모습은 신기하기까지 했다. 검사를 위해 속을 비운 탓에 오늘은 저렇게 동굴처럼 텅 비었지만, 어제까지만 해도 그 속에 음식과 장내 미생물이 꽉 차 있었다는 것 아닌가. 스크린을 보면서 내 대장에 있는 장내 미생물들은 설사나 일으키는 적군은 아닌지, 아니면 아무거나 먹어도 비교적 살이 안 찌는 나의 '날렵한' 몸매를 지키는 숨은 아군인지 궁금했다.

2013년 3월, 유명 과학저널인 '사이언스Science'에는 출렁이는 뱃살이 걱정되는 사람에게 귀가 번쩍 뜨일 만한 소식이 실렸다. 날씬한 쥐의 장내 미생물을 비만 쥐의 내장으로 옮겼더니 쥐의 체중이 비만에서 정상으로 돌아왔다는 것이다. 만약 이것이 사람에게도 적용될 수 있다면, S라인 몸매나 식스팩을 가진 TV 탤런트의 배 속 미생물을 내 배로 옮기기만 하면 힘든 다이어트 없이도 뱃살을 줄일 수 있다는 이야기가 된다. 남의 배 속 것을 빌려온다는 게 상쾌하지 않다면 내 배 속에서 살고 있는 장내 미생물 중에서 '좋은 놈'들은 계속 유지하고 '나쁜 놈'들을 쓸어 낼 수 있는 방법은 없을까?

날씬한 쥐 장내 미생물 비만 쥐로 옮겼더니

사람의 몸은 무려 70조 개의 세포로 이루어져 있다.

그런데 이보다 10배 많은 다른 세포들이 우리 몸에 동거하고 있다. 즉 피부, 장 등에서 붙어사는 미생물이다. 그중 소화관 즉 위, 소장, 대장에 사는 미생물은 대부분 박테리아여서 장내 세균이라고도 부른다. 최근 이 장내 미생물들이 건강에 아주 중요한 일을 하고 있다는 것이 밝혀지면서 관심이 집중되고 있다. 그렇다고 이들을 무시해 왔다는 말은 아니다. 그동안은 이놈들이 어떤 녀석들인지 알아내는 기술이 턱없이 부족했었는데, 최근 이들의 유전자만으로도 정체를 밝히는 기술이 가능해져 연구가 급물살을 타고 있는 것이다.

장내 미생물의 유전자 분석 결과는 놀랍다. 사람의 대장 속에 사는 장내 미생물은 크게 세 가지다. 박테로이데스 문門, 프로보텔라 문, 루미노코커스 문이다. 이 세 종은 사람의 혈액형 같아서 나이, 남녀, 인종에 관계없이 크게 3분류로 나뉜다. 그래서 이제 병원에 가면 의사가 혈액형처럼 '당신의 장내 미생물은 무슨 형이냐'고 물을 날도 멀지 않았다. 3종의 문으로 구분되는 장내 미생물의 전체 종류는 1,000종이 넘는다. 신기한 사실은 개인이 매일 같은 식사를 하고 환경이 크게 변

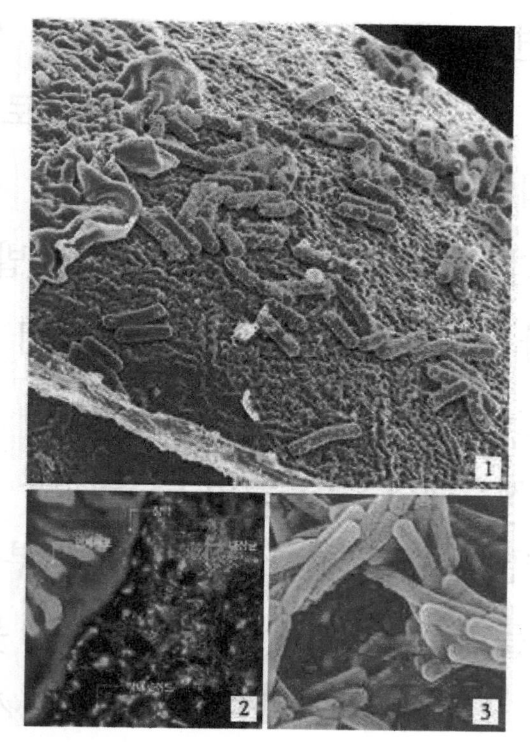

1 인체 장내 상피세포(자색)와 접하고 있는 장내 미생물(녹색).
2 장내 세균들[(박테로이드(적색), 대장균(녹색)이 점막(청색) 속에 있는 인체세포(녹색)]에 신호물질을 보내며 상호 소통하고 있다.
3 대표적 장내 유익균인 유산균의 전자현미경 모습. 발효음식(김치 요구르트) 등으로 장내에서의 수를 늘릴 수 있다. 한 마리의 실제 길이는 2㎛(㎛ ; 100만분의 1m).

하지 않는 한, 미생물의 종류나 수는 크게 변하지 않으며 또한 사람마다 각각 다른 종류의 장내 미생물을 가지고 있다는 것이다. 이제 개인별로 장내 미생물의 종류를 파악 하면 그의 체질, 건강을 알 수 있을 정도가 된다. 개인마다 고유한 장내 미생물은 바로 그의 체질, 건강 상태와 직결되기 때문이다(사진 1).

내가 식사하면 나의 장내 미생물도 그 밥을 같이 먹는다. 할머니가 손자에게 밥을 먹이듯 '내 새끼'들에게도 밥을 먹이는 셈이다. 장내 미생물은 세 가지 중요한 일을 한다. 첫째, 대장으로 들어온 음식물 잔해를 추가 분해해서 영양분을 획득한다. 둘째로 외부에서 침입한 병원균, 예를 들면 식중독균 등을 자라지 못하게 한다. 셋째로 비타민 등 인체에 필요한 물질을 생산한다. 그런데 문제는 그들이 단순히 받아먹는 것만이 아니고 나의 건강에, 예를 들면 나의 허리둘레나 동맥 혈관에 쌓인 혈전에, 심지어 나의 우울증에도 직접 관여한다는 사실이다. 최근 연구 결과에 따르면 동맥경화증을 앓는 사람 중에 세 번째 유형의 장내 미생물 타입을 가진 사람이 많은데, 이 타입에는 염증 유발 물질인 펩티도글리칸을 만드는 균이 많다. 이 균은 비만에도 관여한다.

2012년, 과학 잡지인 '네이처Nature'에 의하면 '지방생성' 미생물, 즉 대장으로 들어오는 음식물에서 에너지를 뽑아내 지방으로 만드는 미생물의 종류가 많을수록 그 사람의 허리둘레는 늘어나는 비만 증세가 나타났다. 비만 과정은 이렇다. '지방 생성' 미생물이 장점막에 있는 세포의 문을 두드려 인체에 신호를 보낸다. 즉 TLRToll-Like-Receptor이라는, 세포의 대문에 해당하는 수용체에 신호를 보내면 신호를 받은 세포는 영양분을 지방으로 만들도록 세포에 지시한다.

즉 에너지원인 지방을 쌓아놓는 것이다. 나중에 먹을게 떨어져 배고픈 때를 대비하는 것이 '생물'의 생존전략이다. 이 장내 미생물이 소장, 대장에 있는 세포에도 비상시를 대비해 배 속에 지방을 쌓아놓으라고 꼬드긴 결과물이 결국 내장지방이다. 이 두 녀석들, 즉 장내 미생물과 세포들이 어떻게 연락을 주고받는지를 좀 더 정확히 밝힌다면 내장지방을 줄이는 방법을 알 수 있을 것이다(사진 2).

이런 대사 질환 외에도 2012년 '사이언스' 잡지에는 장내 미생물들이 인체면역에 중요하다는 사실이 실렸다. 즉 장내 미생물 중에는 인간의 면역세포, 특히 T 세포를 활성화하는 '유익한 미생물'이 있고 이것이 적

장내 미생물은 우리 몸의 건강(비만, 동맥경화, 우울증) 등과 밀접한 관계가 있다.

절한 선을 유지하지 않으면 면역에 문제가 생겨 대장염, 알레르기 등이 생기며 소아당뇨, 류머티즘 같이 자가면역질환, 즉 자기 세포를 적으로 오인해 공격하는 병이 발생한다는 것이다. 내 배 속의 '그놈들'이 없으면 속이 편할 줄 알았는데 오히려 내 몸의 면역력만 떨어진다니 '그놈들'이 귀중한 줄 알고 자식처럼 키워

야겠다.

또한 2013년 뉴로사이언스Neuro science 저널에는 걱정이나 우울증에 장내 미생물들이 영향을 준다는 보고가 있었다. 즉 스트레스를 뇌로 전달하는 신경세포의 발달에 배 속에 있는 놈들이 관여해 세로토닌 같은 우울증 전달 호르몬을 조정한다는 것이다. 이렇듯 대사질환, 면역 그리고 정신건강에까지 내 배 속의 '그놈들'이 중요한 일을 하고 있다. 이제 '배 속의 놈들'이란 말 대신 '나의 파트너'라고 격상시켜야겠다.

항생제 과용하면 장내 유익균 못 살아

날씬한 쥐의 장내 미생물을 뚱뚱한 쥐의 대장으로 옮겼더니 똑같이 먹고도 체중이 줄고 비만의 다른 부작용이 감소했다는 이야기는 우리에게 '좋은 장내 미생물들을 잘 키워 볼까'하는 욕심이 생기게 한다. 특히 유아의 경우 초반에 좋은 미생물이 장에 자리를 잡는 게 건강에 중요하다. 태아가 엄마 배 속에 있을 때는 장내에 미생물이 하나도 없다. 출생 후 아이가 먹는 우유가 모유냐 분유냐에 따라 장내 미생물 종류가 달라지고 이후 면역 유전자 활동도 달라진다. 유아의 장내 미생물은 자라면서 먹는 음식, 그 음식에 붙어있는 다른 미생물들, 그리고 장내의 환경에 따라 평생 살아갈 미생물의 종류, 양이 결정된다. 장내에서는 수많은 미생물들이 들어오는 음식물을 놓고 살아남기 위해 치열한 경쟁을 한다. 적자생존 논리가 이곳에서도 적용된다. 하지만 잘 먹고 잘 자라는 놈만이 무조건 대표 균이 되어서는 곤란하다. 좋은 균들을 유지하기 위해 인체는 맘에 드는 놈들을 공들여 선택해야 한다.

인체와 장내 미생물의 관계는 하숙집 주인과 하숙생의 관계와도 유사하다. 주인이 제공하는 식사의 종류, 그리고 그 집의 환경에 따라 모여드는 하숙생들의 면모가 달라진다. 일단 하숙생을 받으면 주인은 맘에 드는 하숙생에게는 좋은 방을 주고 때로는 밥참도 수시로 만들어준다. 반면 술이나 퍼 마시는 '불량' 하숙생은 신 김치나 주어 스스로 나가도록 만든다. 이처럼 인체의 장에 있는 세포도 유익한 장내 미생물을 고른다. 주로 사용하는 방법은 장의 점막에 있는 세포, 즉 상피세포에서 특정 영양분, 예를 들면 푸코스라는 당을 분비해서 그 당을 잘 먹는 유익균이 더 많이 자라도록 한다. 그리고 디펜신이라는 항균제도 분비해 유해균들이 못 자라도록 한다. 하지만 최근 항생제가 무분별하게 사용되면서 장내 미생물의 종류가 많이 줄었다. 어릴 때 항생제를 많이 사용한 경우 천식, 알레르기, 비만 등이 늘어나는 걸 보면 항생제 과용이 유익한 장내 미생물을 없애는 데에 직격탄임을 보여주고 있다.

좋은 균들을 골라 키울 수는 없을까. 최근 바이오 기술로 장내 미생물들의 종류, 양 등을 유전자 검사법을 통해 쉽게 모니터링할 수 있게 되었다. 어떤 음식을 먹으면 유해균이 줄어들고 유익균들이 많이 생기는가를 바로바로 확인할 수 있게 되었다. 즉 개인의 체질별로 맞춤형 식단을 만들 수 있다. 우리는 평소 식습관을 어떻게 하면 좋은 장내 미생균을 키울 수 있을까. 전통발효식품, 예를 들면 김치에는 유익균인 유산균이 요구르트만큼 있다.

또한 김치의 섬유질도 장내 유익균을 유지하는 데 도움이 된다(사진 3). 반면 기름기 있는 음식이나 밀가루 식사는 장내 미생물에는 반갑지 않은 음식이다. 식약동원食藥同源, 즉 몸에 맞는 음식을 먹는 것이 바로 보약이다. 내 장 속의 파트너에게 잘 맞는 음식을 공급해 주자. 그것이 무병장수의 지름길이다. 이제 100세까지는 '배 속 편하게' 지낼 날을 기대해 본다.

07

●

'세포 엔진' 미토콘드리아 효율 높아져 씽씽~

소식小食하면 왜 오래 살까

하루 한 끼만 먹어볼까. 아니면 요즘 유행한다는 '가끔 굶기'를 하면 출렁이는 뱃살이 줄어들 수 있을까. 어떻게 먹는 게 장수에 도움이 되는지 궁금한 사람들이 꼭 가봐야 할 곳이 있다. 100세 된 노인이 댄스를 즐기고, 산악자전거를 타고 거리를 누비고, 하루 수㎞를 걷고, 매일 정원에서 야채를 키워 내다 파는 곳. 오키나와다. 이곳은 내셔널지오그래픽이 선정한 세계 장수촌 4개 지역 중 하나다. 이곳 사람들이 장수하는 이유가 궁금하다. 최근 미국 보스턴 대학에서는 장수촌 사람들의 장수 유전자를 찾기 시작했다. 연구자들이 발견한 공통 요소 중 하나는 '소식小食'이다. 일반인의 하루 섭취 칼로리의 70%인 1700Kcal만 먹고, 또 부지런히 움직인다.

소식장수小食長壽. 과연 조금씩 먹으면 오래 살까. 과학적 근거가 있을까. 장수촌의 통계는 믿을 만한가. 장수촌의 다른 환경이, 예를 들면 깨끗한 공기, 맑은 물, 아니면 치열한 경쟁이 없는 마을이라 오래 사는 것은 아닐까? 적게 먹는 것이 장수의 직접 원인이라는 증거가 분명하다면 지금 저 한우 안창살로 다가가는 젓가락을 미련 없이 거둘 수 있는 신념이 생기기 때문이다.

2011년 유명 과학 저널인 셀Cell은 적게 먹을 경우 켜지는 유전자를 발견했고 이 유전자 한 개만으로도 수명이 1.5배나 증가한다는 놀라운 결과를 공개했다. 질병 관련 유전자가 인간과 무려 75%나 유사해 수명 연구에 자주 쓰이는 초파리Fruit Fly를 사용한 이 연구는 적게 먹으면 초파리의 수명이 연장될 뿐 아니라 초파리 세포의 노화 정도도 눈에 띄게 줄어든다는 것을

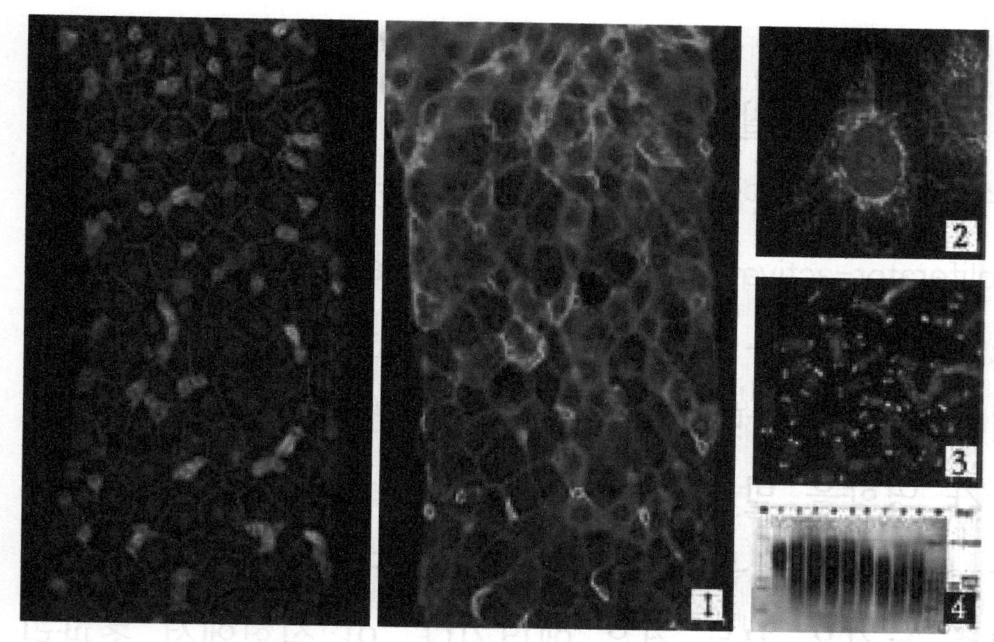

1 초파리 대장세포에 장수 관련 유전자PGC-1가 들어가기 전(왼쪽)과 삽입된 뒤 켜진 상태(오른쪽, 밝은 녹색 부분이 장수유전자가 발현된 부분).

2 세포 내의 엔진 미토콘드리아. 인간 진피세포의 핵(청색)과 미토콘드리아(붉은색, 세포당 200~2,000개의 미토콘드리아가 있다).

3 텔로미어(염색체, 청색)가 유전자 말단에 매듭용 덮개(노란색)처럼 씌워져 있다.

4 인간 나이에 따라 줄어드는 텔로미어의 길이. 나이가 들수록(오른쪽으로 갈수록) 텔로미어의 길이(가운데 점에 해당하는 Y축)는 감소한다.(1-9; 0, 14, 26, 36, 46, 55, 63, 71, 85세)

함께 보여준다. 이런 현상은 쥐를 실험한 결과와 인체 세포에서도 관찰됐다.

수명을 늘린 이 '한 개의 유전자'는 PGC-1Peroxisome proliferator-activated receptor Gamma Coactivator-1이다. 소식을 할 경우 켜지는 이 유전자는 일종의 마스터 스위치 역할을 한다. PGC-1이 켜지면 수많은 다른 유전자가 영향을 받는다. 대상은 주로 비만, 고혈압, 당뇨 등 모두 소화, 운동, 에너지 같은 대사 관련 유전자다. 그중 눈길을 끄는 것은 에너지다. 이 실험에서 초파리 대장 세포에 PGC-1의 양을 늘렸더니 수명이 늘어났다(사진 1). 원인은 세포의 엔진에 해당하는 미토콘드리아의 수와 성능이 올라간 것이다. 세포라는 자동차가

4기통에서 6기통으로 올라가면서 엔진 효율, 즉 연비도 올라간 것이다. 연비가 높다는 것은 그만큼 부산물로 생기는 게 적다는 것이고 소량의 연료만으로도 같은 에너지를 낸다는 것이다.

쥐 식사량 40% 줄이니 수명 20% 연장

미토콘드리아는 자동차의 엔진이다(사진 2). 식사로 들어오는 영양분을 분해, 연소해 에너지를 만드는 신체의 엔진이다. 연식이 오래된 자동차의 연비가 떨어지는 직접 원인은 엔진의 노후다. 이때 엔진 내부를 교체해주면, 소위 '보링'을 하면 자동차의 겉모습은 구닥다리지만 엔진은 청년의 엔진처럼 돌아간다. 사람도 나이가 들면 제일 먼저 약해지는 것이 세포 내의 엔진인 미토콘드리아다. 효율이 나쁜 엔진 때문에 남아 넘치는 영양분은 모두 지방으로 축적되고 성인병의 원인이 된다. 세포엔진의 출력과 효율을 높이는 방법이 있다면 당연히 수명이 연장될 것이다. 연소 효율을 높이는 직접적인 방법은 적게 먹는 것이다. 소식장수의 이유가 밝혀진 것이다.

소식을 하면 마스터 스위치인 PGC-1의 양이 늘고 엔진인 미토콘드리아의 효율이 높아진다. 그 직접적인 이유는 연소를 빨리 시키는 중요한 효소citrate synthase가 40%나 증가하기 때문이다. 연비가 40% 증가하면 그만큼 다른 노폐물이 쌓이지 않는다. 엔진에서 발생하는 대표적인 노폐물은 활성산소Reactive Oxygen Species다. 활성산소는 이름만큼 우리 몸에 '활성'을 주지는 않는다. 반응성이 높아 오히려 다른 것들을 부수는 위험한 물질이다. 당연히 격렬한 활동, 예를 들면 고강도 운동을 하면 활성 산소가 다량 발생한다. 우리 몸은 물론 이런 활성산소를 제거해주는 여러 시스템이 있다. 인체 내부에 있는 효소나 우리가 먹는 비타민C 같은 항산화제가 이런 방어 역할을 한다. 그러니 몸의 상태가 좋을 때 운동을 해야지 항산화시스템이 엉망인 상태에서 심한 운동을 하면 활성산소로 우리 몸은 망가진다. 엔진 상태가 안 좋은 차가 급가속을 계속하면 폐차장으로 갈 날이 멀지 않게 된다. '소식'은 비단 사람뿐 아닌 자동차에서도 필요한 것이다.

적은 양의 식사를 할 경우 수명뿐만 아니라 생체 나이에 해당하는 세포 내의 '텔로미어' 길이도 늘어난다. 텔로미어는 세포 내 염색체의 양 끝에 있는 일종의 뚜껑 같은 구조의 유전자다. 마치 신발끈이 세포 내의 모든 유전자라면 텔로미어는 끈의 끝에 달려 있는 매듭용 플라스틱이다. 이게 없으면 신발끈이 쉽게 닳는다. 하지만 신발끈이 오래되면 플라스틱도 점점 닳아 짧아진다. 세포의 경우 플라스틱의 역할을 하는 텔로미어가 너무 짧아지면 세포의 염색체는 더 이상 복제도 분열도 하지 않게 된다. 따라서 사람의 세포 내 텔로미어 길이를 측정하면 그 사람의 노화 정도, 즉 생체 나이를 즉시 알 수 있다(사진 3, 4).

이 텔로미어 길이가 소식을 하면 덜 줄어든다는 게 쥐를 대상으로 한 실험에서도 확인됐다. 식사량을 40% 줄이면 텔로미어의 길이가 유지되고 수명도 20% 연장됐다.

재미있는 점은 무조건 식사량을 줄인다고 텔로미어 길이가 덜 줄고 수명이 늘어나지 않는다는 것이다. 필수 영양분이 공급되면서 칼로리를 줄여야 수명 연장의 효과가 나타난다. 무조건 줄이면 오히려 수명이 감소한다는 게 최근 원숭이를 대상으로 한 연구에서 밝혀졌다. 적게 먹지만 잘 먹는 게 중요하다는 의미다.

오메가 3로 잘 알려진 불포화 지방산이나 식이섬유가 많은 음식, 가공 되지 않은 곡식에 텔로미어의 길이를 유지하는 좋은 성분이 많이 들어 있지만 가공한 육류는 장수에 도움이 안 된다는 게 밝혀졌다. 사람의 허리가 굵을수록 텔로미어도 많이 줄어든다. 비만은 수명을 짧게 하는 것이다. 또 조깅을 20년 정도 한 50세의 텔로미어 길이는 20세 청년과 비슷해 꾸준한 운동이 장수에 도움이 된다. 반면 과도한 운동은 오히려 길이를 줄이는 역효과를 나타냈다. 집에서 가사로 바쁜 주부의 텔로미어는 파출부를 쓰며 소파를 지키는 비활동적 '사모님'보다 텔로미어가 길어 장수할 확률이 높은 것이다. 이런 과학적 사실과 장수촌에서는 대부분 소식을 한다는 통계적 사실로 우리는 소식이 장수의 지름길임을 이제는 확실히 안다.

소식(小食)은 건강 장수 조건의 일부분일 뿐

하지만 살면서 먹는 것만큼 즐거운 것이 또 있을까. 오죽했으면 로마시대에는 먹고 나서 위 속에 늘어뜨린 실을 당겨 토한 후 또 먹으려 했을까. 대한민국 직장인의 77%가 과잉 식욕으로 힘들어한다는 통계도 있다. 과잉 식욕의 이유는 맛있는 음식(55%)과 스트레스(32%)라고 한다. 결국 입과 뇌가 비만의 가장 큰 적이다. 실제로 우리의 식욕은 두 개의 호르몬, 그렐린과 렙틴에 의해 조절된다. 공복 시 위와 췌장에서 분비되는 호르몬인 그렐린은 많이 먹는 사람일수록 더 왕성하게 분비돼 비만으로 이끈다. 이를 줄이려면 고통과 인내가 요구된다. 어제와 오늘의 식사량 차이를 몸이 느끼지 못할 만큼 한 끼 식사에 한 숟가락씩 줄여나가야 하는 고도의 절제가 필요하다. 이 정도면 거의 동굴에서 수도하는 수도승의 기분이 들 정도다.

맛있는 음식의 유혹을 참는 인내 다이어트를 하는 대신 소식이 주는 효과, 즉 PGC-1을 켜는 물질은 없을까. 최근 이러한 물질을 찾는 연구가 일부 미국 기업을 중심으로 진행되고 있다. 연구가 성공한다면 약 한 알로 식사를 줄인 결과와 같은 효과를 얻을 수 있을지 모른다. 즉 약 한 알로 최소 6개월이 소요되는 인내와 고통의 식욕 절제를 대신하겠다는 것이다. 마치 마라톤 선수가 가장 힘든 순간에 느낀다는 소위 'runner's high'의 쾌감을 코카인 한 알로 느끼겠다는 것과 같은 생각이다.

1932년 영국의 소설가 헉슬리는 멋진 신세계에서 '소마'라는 알약 하나로 모든 영양분을 공급하고 노화를 방지하는 세상을 신랄하게 풍자했다. 그는 과학 만능의 시대를 경고하고 인간 의지의 중요함을 '멋진 신세계'라는 역설적인 제목으로 표현했다. 지금 70억 인구 중 20억이 음식 부족으로 허덕이고 있는 반면, 미국은 3억 인구의 절반이 영양 과잉으로 또 다른 고통을 당하고 있다. 식탐을 이겨내지 못하고, 약 한 알이 이를 해결 해주리라 믿는 한 인류가 안고 있는 음식의 불균형은 천형天刑으로 남을 것이다.

아이러니하게도 일본 내에서 소득 수준이 가장 낮다는 오키나와 장수촌의 통계를 다시 살펴본다. 그들은 적은 양의 음식을 먹으면서도 하루 종일 부지런히 일

한다. 신실한 나름의 신앙생활을 하고 모든 식사를 가족이나 친구와 함께하며 유쾌한 시간을 갖는다. 나이 들어서도 각자의 할 일이 있고 친구들과의 모임도 잦다. 마을은 서로 도와주는 공동생활로 꾸려간다. 옆집에 누가 살고 있는지도 모르는 서울의 아파트촌과는 아주 다르다.

현재 한국 국민의 90%가 도시에 살고 72%는 아파트 같은 공동 주택에 살고 있다. 우리가 건강히 오래 살려면 이런 환경에서도 이웃과 공동체를 활발히 만들고 서로 웃으며 즐길 수 있는 아이디어가 필요하다. 소식뿐 아니라 이런 것들도 있어야 건강 100세를 누릴 수 있는 것이다. 건강장수를 위해 장수촌에서 배워야 할 많은 것 중 '적은 양의 식사'는 그야말로 한 부분일 뿐이다.

Biotechnology

Chapter 3
몸과의 교감기술

'할머니의 생신'. 오스트리아 화가인 페르디난트 게오르크 발트뮐러F. G. Waldmller의 1856년 작품, 영국 윈저성 소장. 할머니의 손주 돌봄 덕분에 딸은 더 많은 아이를 낳을 수 있다는 것이 '할머니 효과Grandmother Effect'다.

01

●

생활 속 장수 열쇠, 과학자들이 꼽은 건 '손주 돌보기'

노년의 엔돌핀

하루 종일 손자를 보느라 지친 시어머니가 어느 날 꾀를 냈다. 예전 할머니들이 그랬듯이 밥을 입으로 씹어 손자에게 먹인 것이다. 옆에 있던 며느리가 기겁을 하고 아무 말 않고 아이를 데려갔다. 우스갯소리지만 할머니의 심정이 이해된다. 봐줄 사람이 마땅치 않아 봐주긴 해야 하는데 허리 디스크, 우울증이 생기고 이거야말로 울며 겨자 먹기다. 최근 과학자들이 내린 결론은 손주를 봐주는 것이 손주와 할머니 모두에게 유익한 최고의 윈윈win-win 전략이란 것이다. 현재의 저출산, 고령화 문제를 해결할 수 있는 묘책이다.

단, 적정 시간 돌본다는 전제를 깔았다. 과학자들은 '손주 돌봄'이 인간이 다른 동물보다 훨씬 발달된 지능을 갖는 등 진화할 수 있었던 원인이고 미래 인간 장수의 열쇠라고 말한다. 무슨 의미인가?

손주 키우는 조부모, 언어 능력 향상

필자와 가까이 지내는 작가의 숙모 얘기는 놀라웠다. 그는 뇌졸중으로 병원에서 오래 살기 힘들다는 말을 듣고 주변 사람들과 이별 인사까지 나눴다. 그 후 손자가 태어났는데 손자를 바라보는 숙모의 눈빛이 조금씩 살아났다. 손자와 같이 지내면서 자주 웃게 되고 건강이 빠르게 호전돼 지금은 10년째 잘 살고 있다. 손자가 할머니의 생명을 살린 '최고의 치료제'였던 셈이다.

웃음이 머리 앞부분의 '전두엽 피질' 부위를 자극해 통증 완화 효과가 있는 호르몬인 엔도르핀을 생산한다는 사실은 이미 확인됐다.

2014년 미국 학회지 '결혼과 가정'에 보고된 바에 의하면 손주를 돌보는 50~80세 할머니, 할아버지들의 두뇌 중에서 특히 언어 능력이 향상 됐다. 종알종알거리는 손주들과 대화를 나누다 보면 언어 관장 두뇌 부분이 활성화된다는 얘기다. 치매의 첫 번째 원인이 뇌를 쓰지 않거나 신체 활동이 적은 것이다. 다시 말해 활발한 두뇌 활동은 최고의 '치매 예방약'이다. 실제로 1년 이상 손주를 봐준 미국 할머니의 40%, 유럽 할머니의 50% 이상이 치매 예방 효과를 얻었다. 특히 상황을 파악하는 인지능력이 개선됐고, 운동량이 늘어 근육량도 많아졌다. 이는 비단 피가 섞인 손주를 돌본 노인에게만 해당되는 얘기가 아니다. 재잘거리는 초등학생들을 돌봤던 노인들에게도 나타난 현상이다.

아이들이 할머니의 '보약'이라면 거꾸로 할머니는 아이의 '수호천사'다. 미국 심리과학경향지(2011년)에 따르면 할머니와 같이 지내는 손주들의 15세까지 생존율이 57%나 높았다(할머니와 함께 지내지 않는 아이 대비). 이는 단순히 같이 놀아주는 것이 아니고 위험한 상황에서 아이를 지켜주는 '지킴이' 역할을 톡톡히 하

'소중한 사이, 할아버지와 손자'. 그리스 화가 게오르기오스 야코비데스Georgios Jakobides의 1890년 작품. 할아버지와 손주는 특별한 관계를 맺는다.

고 있음을 의미한다.

또 할머니와 같이 지낸 아이의 발달도가 높다는 연구 결과도 나왔다. 이는 아이들의 인성 발달에 할머니의 역할이 큼을 보여준다.

할머니가 손주가 먹고 자는 것을 주로 돌본다면, 할아버지는 손주의 정신 발달을 돕는다.

『백치 아다다』로 유명한 소설가 계용묵은 그의 단편 '묘예苗裔'에서 "손자, 그것은 인생의 봄싹이다. 그것을 가꾸어 내는 일은 좀 더 뜻있는 일인지 모른다"라고 썼다. 아이가 어릴 때는 주로 할머니들이 먹이고 재우고 업고 다닌다. 아이들이 더 커서 유치원생이나 초등학생이 되면 할아버지의 역할이 상당히 중요해진다. 유럽 할아버지 두 명 중 한 명은 손주들과 놀아준다. 이들은 손주들에게 집안의 내력이나 과학 얘기, 그리고 세상 돌아가는 이치 등을 전한다. 특히 아이와 뭔가를 함께 만드는 활동엔 할아버지의 역할이 더 크다. 이는 할머니와는 다른 차원의 두뇌활동을 돕는다. 이문구의 성장소설 '관촌수필冠村隨筆'에서도 할아버지는 아이의 두뇌에 깊숙이 자리 잡는다. 소설에서 아이 아버지는 하루도 집에 있지 않고 외부로 돌아다닌다. 행여 아이와 함께 있는 날에도 가까이 다가가기 힘든 대상이었다. 아버지가 바쁘긴 지금도 마찬가지지만 요즘은 엄마마저도 바쁘다. 직장에서 살아남아야 하고 친구들과 사회활동을 해야 한다. 아이들을 살갑게 대하기엔 우선 부모들에게 시간이 너무 부족하다.

반면에 할아버지, 할머니는 할 일은 적고 시간은 많다. 인생의 노하우도 쌓여 있다. 게다가 2대인 손주들에겐 1대인 자식들에게 느끼는 책임감과 압박감이 적어 한결 여유롭게 대할 수 있다. 조부모와 손주, 이런

2대가 잘만 지낼 수 있다면 더없이 좋은 궁합이다. 과학자들은 이런 궁합을 인간이 진화하고 장수하는 원인으로 꼽는다.

딸이 낳은 아이 돌보는 과정에서 인류 진화

침팬지는 인간처럼 45세쯤 폐경을 한다. 폐경 이후에도 생존하는 침팬지는 3%도 안 된다. 반면에 인간은 동물 중 거의 유일하게 폐경 이후에도 25~30년을 더 산다. 도대체 무엇이 침팬지와는 달리 사람을 '만물의 영장'으로 만들었을까? 또 침팬지보다 30년을 더 살게 했을까? 그 답엔 '할머니'가 있다.

이른바 '할머니 효과Grandmother Effect'란 학설의 주 내용은 이렇다. 인류가 진화하던 어떤 시점에 폐경 이후에도 건강하게 활동하는 '어떤 여성'이 우연히 나타났다. 비록 이 여성이 폐경 이후에 새 자녀를 출산하진 못했지만 자기 딸이 낳은 아이, 즉 손주를 먹이고 돌보게 돼 딸이 더 많은 아이를 가질 수 있었다. 이 '여성'의 유전자가 인간의 번식과 진화에 유리 해 인간이 침팬지보다 장수하게 됐다는 학설이다.

인간 진화를 설명하는 다른 학설로 '사냥설'도 있다. 인간이 사냥을 잘하려면 머리를 써야 하므로 두뇌가 커졌고 이것이 인간 진화의 원인이란 설이다. 하지만 아프리카 부시맨들을 관찰하면 '사냥설'보다는 '할머니 효과설'이 더 설득력이 있다. 아프리카 부시맨들은 지금도 사냥하고 나무 열매를 먹고 산다. 다시 말해 이들은 야생 침팬지나 야생 원숭이처럼 '수렵시대'에 살고 있는 인류의 원형이다. 이 부족에서 나이든 여성인 할머니들은 젖 뗀 손주들에게 열매를 따 주거나 식물 뿌리를 캐 먹이는 '손주 돌봄'을 한다. 부시맨 여성들은 다른 현대 여성들처럼 폐경 이후에도 전체 수명의 3분의 1을 산다. 여성들이 폐경 이후에도 오래 살아서 장수하게 된 시기는 '수렵시대' 이전이므로 '사냥설'엔 허점이 있다는 주장도 제기됐다.

2012년 미국 유타대 호크스K. Hawkes 교수는 '할머니 효과'를 컴퓨터 계산으로 증명해 냈다. 하지만 이 어려운 연구논문보다 시골집의 풍경이 할머니가 인간의 장수에서 '중요한 역할을 한다'는 사실을 더 여실히 보여준다. 3대가 모여 사는 집에서 손주들을 돌보는 일은 대개 할머니 차지다. 할머니들이 바쁜 엄마를 대신해 아이들을 돌보기 때문에 엄마는 부담 없이 아이를 쑥쑥 낳는다. 할머니들은 손주 보느라 부지런히 몸을 움직여 팔순이 돼도 근력이 유지된다. 게다가 한두 녀석을 옆에 끼고 잠이 들면 '노년의 외로움'이란 단어는 멀리 사라진다. 이런 이유로 복작복작한 3대 시골집은 어느새 장수촌이 된다.

필자의 한 대학 선배는 적어도 자손 번성엔 성공한 모델이다. 딸, 아들이 각각 3명, 2명의 아이를 낳았다. 부부 한 쌍이 평균 1.19명을 겨우 낳는 지금의 한국의 출산 통계와 비교하면 두 배 이상의 '생산성'을 보인 셈이다. 이 배후엔 선배 부부의 적극적인 '손주 돌봄 작전'이 있었다. 선배는 딸이 결혼 후 직장을 잡고 임신하자 딸 집을 바로 친정 집과 합쳤다. 태어난 손주는 친정 엄마와 시댁 부모, 그리고 아이 부모가 각각 분담해 돌봤다. 때마침 정년을 맞은 선배도 손주를 싣고 옮기는 운전사 역할을 톡톡히 해 아이 보는 부담을 나눴다.

이 집에선 '손주가 올 때 반갑고 갈 때 더 반갑다'는 소리는 들리지 않았다. 오히려 손주가 떠나 있을 때는 얼굴이 어른거려 얼른 데려오고 싶다고 할 만큼 선배 부부에겐 큰 즐거움이 손주였다. 이런 도움 덕에 선배의 딸은 소녀적 꿈대로 세 명의 아이를 쉽게 가질 수 있었다. 장가든 아들도 같은 전략을 썼다. 이번엔 아들 집을 선배 집 근처에 구한 뒤 아들, 딸의 손주들을 함께 보기 시작했다. 손주 보는 방식은 역시 분담이었다.

탈무드 "노인은 집에 부담, 할머니는 보배"

노동의 분담이 '손주 돌봄'의 핵심이다. 할머니 혼자 돌보는 시간이 길어지면 오히려 마이너스 효과가 나타날 수 있다. 손주 돌봄에도 최적의 시간이 있어서다. 너무 길어지면 할머니는 피곤해지고 힘들어하며 우울해진다. 결국 며느리 앞에서 손주에게 밥을 씹어 먹이는 등 다른 꾀를 낸다. 식탁 행주로 아이 입을 무심코 닦아주거나 사투리가 섞인 영어를 가르치는 '묘안'을 실행한다. 이런 방법으로라도 손주 돌봄의 긴 중노동에서 벗어나고 싶어 한다. 손주 돌봄의 최적 시간은 각각 처한 상황에 따라 다르다. 미리 보육시간, 보상 금액, 육아 방향 등에 대한 합의가 이뤄져야 손주 돌봄이 서로의 고통이 아닌 쌍방의 윈윈이 된다.

할머니나 할아버지가 여러 손주를 동시에 봐주면 아이들의 사회 적응력이 높아진다는 이론도 솔깃하다. 지난해 미국 진화인류학회지에 보고 된 바에 의하면 어린 손주 여러 명을 동시에 볼 경우 아이들은 자신들의 '모든 것'을 쥐고 있는 사람에게 잘 보이려고 눈을 계속 맞춘다. 조부모와 좋은 관계를 맺으려고 노력해 사회성이 좋아진다는 것이다.

필자의 어린 시절에도 6남 1녀 사이에선 눈에 보이지 않는 경쟁이 치열 했다. 형제들과 잘 지냈을 때 부모님으로부터 상으로 과자를 받은 기억이 지금도 생생하다. '셋째 딸은 선도 안 보고 데려간다'는 옛말은 셋째 딸의 사회성이 높다는 의미로 읽힌다. '부잣집 외동딸'을 며느리로 쉽게 맞지 못하는 것은 사회성이 떨어질 것으로 우려해서다. 아이들은 여럿이 커야 사회성이 높아진다.

“노인이 집에 있는 것은 큰 부담이다. 하지만 할머니가 집에 있는 것은 보배다.” 유대인의 철학과 지혜를 담은 책인 『탈무드』에 소개된 내용이다. 이 말 속엔 요즘 우리나라의 최대 현안인 저출산, 고령화 문제를 해결할 수 있는 열쇠가 있다. 열쇠는 출산 장려, 보육 지원 등 두 가지다. 이를 동시에 해결할 방법으로 ‘할머니’가 있다.

저출산 문제로 한국과 동병상련同病相憐의 고민을 안고 있는 싱가포르는 손주를 돌보는 할머니에게 연 250만원을 지원한다. 우리나라도 일부 구청만이 아닌 전국적으로 지원을 확대해 ‘누이 좋고 매부 좋은’ 손주 돌봄을 적극 도울 필요가 있다. 이는 국내 출산율을 높이는 데 큰 기여를 할 것으로 필자는 믿는다. 현재 한국은 경제협력개발기구OECD 최저 출산국가이고, 최고로 빨리 늙어가는 나라다.

02

●

정상 난자엔 '자폭'기능, 나이 들수록 정상 임신 곤란

가시밭길 고령출산

성경엔 놀라운 기록들이 있다. 예언자가 '아브라함의 아내 사라가 아들을 낳을 것'이라 하자 사라는 '쿡' 웃었다. 당시 아브라함의 나이는 100세, 사라는 90세였기 때문이다. 하지만 이듬해 '이삭'이 늦둥이로 태어났고 건강하게 자랐다.

천지의 창조주가 아이 하나 낳게 하는 것쯤이야 식은 죽 먹기이겠지만 90세라니 고개가 절레절레 흔들어진다. 하지만 그녀는 127세까지 살았다고 한다. 지금 여

벨기에 화가 야코프 요르단스의 '풍요Fertility의 알레고리'. 1623년 작품(벨기에 겐트미술관 소장)

성 평균수명 85세 기준으론 48세에 아이를 낳은 셈이다. 좀 늦기는 하지만 그렇다고 전혀 불가능한 나이는 아니다. 『기네스북』에 따르면 최고령 자연임신 산모는 영국의 59세 여성이다. 비록 시험관 수정이지만 국내에서도 배불러 아이를 낳은 초超고령 여성의 나이가 55세였으니 사라의 '48세' 출산은 고개를 흔들 정도는 아니다.

남들처럼 서른 넘어 결혼하고 직장에서 자리 좀 확실히 잡으려면 아이는 35세쯤 낳을 예정인데 괜찮겠지,

혹시 잘 안 되더라도 병원에 가면 금방 해결이 되겠지. 이처럼 임신, 출산이 피임처럼 마음먹은 대로 할 수 있는 '옵션'쯤으로 여기는 미혼여성이 의외로 많다. 하지만 현실은 그렇게 호락호락하지 않다. 35세 넘어서 아이를 가지려면 가시밭길을 감수해야 한다.

젊어졌다는 착각이 출산 미루는 원인

필자의 지인 중엔 아내와 아이 사진을 유별나게 많이 찍는 사람이 있다. 부부가 아이를 가지려고 너무 고생했고 그래서 나중에 자식들에게 그런 사실을 꼭 알려야겠다는 것이 사진에 집착하는 이유였다. 부부는 둘 다 대학원을 마치고 아내 나이가 31세일 때 결혼했다. 아내는 어렵게 들어간 직장에 임신 상태로 다니기 힘들 것 같았고 아이를 낳아도 맡길 사람이나 보육시설이 마땅치 않았다. 직장에서 자리가 안정되고 친정엄마가 아이를 맡아주기로 해 아이를 가지려고 시도할 때 아내는 이미 34세였다. 하지만 1년이 지나도 아이 소식은 없었다. 피임하지 않고 배란일만 정확히 기억하면 임신은 식은 죽 먹기인 줄 알았는데 그게 아니었다. 1년을 마음 졸이다가 배란촉진 호르몬 주사, 배우자 간의 인공 수정 등을 시도했지만 여전히 임신이 안 됐다. 마지막 수단으로 시험관아이를 갖기로 마음먹었지만 역시 쉽지 않았다. 어쩌다 만난 지인의 부인은 계속된 병원 출입으로 얼굴이 초췌했다. 시댁의 눈치도 만만치 않은 듯했다.

2년이 지난 어느 날 드디어 아이를 낳았다는 소식이 들려왔다. 37세에 첫 출산에 성공한 것이다. 쌍둥이라고 하기에 '투런 홈런'이라며 축하해 줬다. 나중에 들려온 소식은 둘째가 미숙아라는 안타까운 얘기였다. 부부는 시간이 지나면 괜찮아질 수 있다는 의사 말에 희망을 걸고 있다. 물론 지금은 두 아이에 치여 엄마는 직장을 그만둔 지 오래다. 하지만 아이들과 늘 함께 있어 너무 행복하다고 한다. 부부의 웃음을 본 것은 이들의 결혼 6년 만에 처음이었다.

이 부부는 평생을 '알콩달콩' 살아갈 것으로 여겨진다. 최근 연구에 따르면 이렇게 고생을 해 아이를 가진 부부가 그렇지 않은 부부에 비해 '평생 짝꿍'으로 잘살 확률이 세 배나 높기 때문이다. 비 온 뒤에 단단해지는 땅처럼 고생에 대한 보상인 셈이다. 하지만 이 부부는 운이 좋은 경우다. 영화 '노아'(2014년, 미국)의 여주인공 제니퍼 콜리는 40세가 되던 해에 세 번째 딸을 낳았다. 이미 40대 초반의 나이였지만 아카데미상 수상식장에 나타난 그녀의 모습은 20대 같았다.

국내에서도 얼굴성형과 몸매 만들기 붐으로 10대 얼굴과 20대 S라인을 겸비한 30대 여성이 부쩍 늘어났다. 이런 30세 여성의 외모는 나이를 잊게 한다. 하지만 첨단 기술로 젊어진 외모와는 달리 몸은 구석기시대 인간처럼 나이를 먹어간다.

30대 여성이 외견상 20대처럼 보이는 '착시현상'은 출산을 계속 뒤로 미루는 요인 중 하나다. 젊은 부부도 10%는 임신이 안 될 수 있는데 30대가 출산을 미룬다면 아이 갖기는 점점 힘들어진다. 난자는 나이보다 더 빨리 늙기 때문이다.

노산 땐 사산, 유산, 기형아 확률 높아

얼마 전 할리우드 스타인 안젤리나 졸리가 전격적으로 유방절제수술을 해서 세상을 놀라게 했다. 졸리가 난데없이 수술을 받은 것은 유전자에 손상이 생기면 스스로 고치는 역할을 하는 BRCA 1 유전자가 비정상임을 알았기 때문이다. 이 유전자가 비정상이면 세포 내 다른 유전자들의 손상을 고칠 수 없어 나중에 암환자가 되기 쉽다. 이 유전자는 나이든 여성의 난자에서도 제 역할을 하지 못한다. 이에 따라 여성도 나이 들면 비정상 난자를 갖기 쉽다는 사실이 밝혀졌다(2013년 '사이언스 트랜스 메디슨'지). 여성이 출생과 동시에 보유했던 100만 개의 예비 난자는 나이 들면서 급감한다. 30대엔 12%, 40대엔 3%만 남는다. 실제로 예비 난자 중 500여 개만이 여성의 평생에 걸쳐 배란된다. 난자는 왜 이렇게 급격히 수가 줄어드는가?

올해 3월 미국의 영화배우 브루스 윌리스는 환갑이 다 된 나이에 다시 아버지가 됐다. 남성은 문지방을 넘을 힘만 있어도 아이를 낳을 수 있다는 농담은 사실이다. 정자는 60세가 돼도 성능이 크게 떨어지지 않는

고령 임신과 고령 출산은 많은 위험을 동반한다.

다. 노익장을 과시한다면 고령에도 배우자를 임신시킬 수 있다. 이에 반해 난자는 급속하게 수가 줄어들고 50세 무렵이 되면 스스로 문을 닫는다. 폐경을 맞는 것이다. 다양한 유전자를 가져야 생존에 유리한 정자와는 달리 난자는 수정란을 키우는 인큐베이터이자 '생명의 그릇'이다. 행여 난자의 이런 '그릇' 기능에 문제가 있으면 처음부터 가차 없이 버려야 하므로 난자가 조금이라도 비정상이면 세포(난자)는 스스로 '자살'을 감행한다. 최대한 좋은 난자를 고르려는 여성 몸 자체의 노력도 나이 앞에선 역부족이다. 35세를 정점으로 여성의 난자 수는 더 급격히 줄어든다. 임신 가능 확률도 22세엔 86%지만 32세엔 63%, 42세엔 36%, 47세엔 5%로 급감한다. 난자의 DNA 손상도 나이 들수록 많아져 늦게 아이를 가지면 조산, 사산, 유산, 기형아 출산 확률이 높아진다.

대표적인 염색체 기형인 다운증후군은 특징적인 얼굴 모습과 지적장애를 동반한다. 30세 산모가 낳은 아이가 다운증후군 환자일 확률은 960명 중 1명꼴이지만 35세엔 이의 3배, 40세엔 12배로 급증한다. 또 40세 산모는 25세 산모보다 일찍 죽을 확률이 3.8배나 높다. 인간의 기대수명이 늘어났지만 난자가 늙는 속도는 크게 변함없다.

줄기세포 기술로 싱싱한 난자 얻을 수 있지만…

미국 영화 '플랜 B(원제 Back up plan, 2000년)'에선 여자 주인공이 출산가능 마감시간이 다가오자 인공수정, 즉 시험관아기 시술로 아이를 가지려 한다. 그때 이상형의 남자가 나타나서 '사랑의 열매(자연 임신)'를 맺으려 하지만 이미 배 속엔 다른 아기가 자라고 있다. 임신을 둘러싼 코미디이지만 제목이 더 재미있다. '백업', 즉 임신의 예비수단으로 시험관아기 시술을 고려하지만 현실은 녹록치 않다. 임신이 잘 안 되면 대개 병원에선 배란 촉진 호르몬 주사를 놓아 임신확률을 높이려 한다. 그래도 안 되면 남성의 정자를 채취, 자궁에 직접 주입하는 '배우자 간 인공수정'을 시도한다. 이런 노력에도 임신이 안 되거나 난관이 모두 막혀있는 불임의 경우 마지막 수단으로 시험관아기를 계획한다. 시험관아기 시술 과정은 이렇다. 먼저 여성의 몸에 호르몬 주사를 놓아 과過배란 상태에서 난자를 채취한 뒤 이 난자를 시험관 내에서 정자와 수정시킨다. 이어 수정란을 자궁에 착상시킨다. 과정은 간단하지만 한 번에 성공할 확률은 22.5%에 그친다. 여성의 나이가 많으면 성공률이 더 떨어진다. 35세 이하에선 시험관아기 시술을 통한 출산 성공률이 41.4%지만 41~42세엔 12.6%로 떨어진다.

시험관아기의 유산율도 산모 나이가 40대 이상이면 50%에 가깝다. 쌍둥이를 낳을 확률은 25~30%다. 쌍둥이 중에 54%는 저低체중 아이고 언청이, 심장벽 이상 발생률도 높아진다.

지난해 말 가수 강원래 씨가 13년 만에, 그것도 여덟 번의 시도 끝에 아이를 얻었다. 이처럼 불임의 고통을 해결해 주는 시험관아기 기술은 인류의 귀중한 재산으로, 1978년 노벨상이 수여됐다. 하지만 이 기술은 자연 임신에 대한 '백업 플랜'이 아닌 '최후의 수단'으로 생각해야 한다. 늦둥이나 시험관아기에서 발생하는 모든 문제의 출발은 난자가 늙은 것이며 나이를 이길 순 없다. 최근 난소에서 줄기세포가 발견됐다. 지난해 '네이처 프로토콜Nature Protocol'이란 학술지에 발표된 논문에 따르면 난소에서 얻은 줄기세포를 이용하면 다시 싱싱한 난자를 만들 수 있음이 동물실험을 통해 밝혀졌다. 이는 난자의 늙음에 기인한 시험관아기 시술의 실패와 부작용을 극복하는 실마리가 될 수 있다. 하지만 생명의 그릇인 난자를 실험실에서 마음대로 만든다는 것은 윤리적으로 예민한 문제여서 실제 불임 여성

'둘만 낳아 잘 기르자'는 문구가 들어간 1970년의 피임 권장 포스터.

에게 이 기술을 적용할 수 있을지는 아직 미지수다.

요컨대 건강한 아이를 낳는 가장 현명한 방법은 아무리 늦더라도 35세를 넘기지 말고 젊은 나이에 임신하는 것이다. 이는 아이를 건강하게 할 뿐 아니라 엄마의 수명도 연장시키는 방법이다. 싱글이나 아이를 일부러 갖지 않는 '딩크DINK, Double Income No Kids족 여성들은 암, 심장질환, 정신질환, 사고로 숨질 확률이 자녀가 있는 여성보다 4배나 높기 때문이다. 요즘 젊은 여성들의 절반 이상은 고령 임신이 유산, 사산, 조산, 기형아 확률을 높인다는 사실을 잘 모른다. 여성의 90%는 40세라도 병원에 가면 불임 문제를 간단히 해결할 수 있고, 300만원만 들이면 시험관시술로 '뚝딱'

아이를 낳을 수 있다고 생각한다. 이런 여성들을 대상으로 '늦둥이의 위험성'에 대한 인터넷 교육을 실시하면 이들의 생각이 바뀐다는 연구결과가 최근 발표됐다. 고령 임신의 부작용과 위험성을 바로 알리는 것만으로도 여성의 출산을 몇 년 앞당길 수 있고 아울러 한 명 이상의 아이를 갖게 할 수 있다. 물론 보육시설, 직장에서의 출산장려 분위기 등이 선행돼야 예비부모들이 출산 쪽으로 마음을 다잡을 수 있다.

영국의 철학자 버트런드 러셀은 "문명이 가장 진보한 곳에 불임不姙이 가장 많다"고 말했다. 1970년대엔 '둘만 낳아 잘 기르자'는 포스터가 우리 생활 주변 곳곳에 붙어 있었다. 정관수술을 받으면 예비군 훈련을 면제해줬다. 그때보다 훨씬 잘살게 됐지만 지금은 경제협력개발기구OECD 최저 출산국이다.

〔손에 잡히는 바이오 토크 2(큰글자책)에서 계속〕

손에 잡히는 바이오 토크 1(큰글자책)

IT를 넘어 BT의 시대로

초판 1쇄 2021년 03월 02일

편저자 김은기
펴낸이 손동민
펴낸곳 디아스포라
주소 서울시 서대문구 증가로 18, 204호
등록 2014. 3. 3. 등록 제25100-2014-000011호
전화 (02) 333-8877(8855)
FAX (02) 334-8092
홈페이지 www.s-wave.co.kr
E-mail diaspora_kor@naver.com
ISBN 979-11-87589-28-0 (04470)
ISBN 979-11-87589-27-3 (전2권) 세트

*디아스포라는 도서출판 전파과학사의 임프린트입니다.
*이 책은 저작권법에 따라 보호받는 저작물이므로 무단전재와 무단 복제를 금지하며, 이 책 내용의 전부 또는 일부를 이용하려면 반드시 저작권자와 디아스포라의 서면동의를 받아야 합니다.
*정가는 커버에 표시되어 있습니다.
*파본은 구입처에서 교환해 드립니다.